JN236451

誰も教えてくれなかった
因子分析

数式が絶対に出てこない因子分析入門

松尾太加志・中村知靖

北大路書房

目　次

0 章　はじめに……………………………………………………………… 1
　　みんな因子分析をわかりたい　1
　　専門家だけで書いたのではわからない　1
　　身近に尋ねる人がいますか？　2
　　わかりやすさを優先させた本を書きたい　3
　　本書の構成　3

1 章　因子分析の結果を見る …………………………………………… 5
　　1.1　わからなくてもよいもの　7
　　　　因子分析の手法はわからなくてよい　7
　　　　なぜわからなくてよいのか　7
　　　　因子分析の手法は適当に決めている　8
　　1.2　わからないといけないもの　10
　　　　因子の名称は独断で　11
　　　　因子と質問項目との関係（因子負荷）　11
　　　　質問項目の取捨選択　13
　　　　因子分析のモデル　14
　　　　因子負荷のプロット　16
　　1.3　わかったほうがよいもの　19
　　　　うまく共通因子が見つかったか（因子寄与と共通性）　19
　　　　因子寄与，因子寄与率，累積寄与率　19
　　　　共通性　21
　　　　因子寄与，共通性，独自性　21
　　　　各因子の尺度ごとの点数　25
　　　　単純な合計　25
　　　　因子得点　26
　　　　クローンバックの α 係数　26
　　1.4　因子分析の結果を疑ってみよう　27
　　　　因子の名称はそれでいいのか？　28
　　　　質問項目に偏りがないか？　28
　　　　質問項目が妥当なのか？　29
　　　　分析手法が正しいのか？　29

2章　因子分析を自分でする　31

②.① どのような調査データが因子分析できるのか？　31
　　数量的に表現されていること　31
　　相関があるなら，直線的であること　33
　　どの項目もある共通のテーマについて観測されたデータであること　35
　　質問項目はどの程度ないといけないのか？　35
　　質問紙の作成は，データ解釈，データ入力をしやすいように　36
　　回答者の人数は　38
　　データ入力　38

②.② 因子分析の手順　40
　　因子分析の計算の流れ　40
　　作業手順の流れ　41

②.③ まず，計算（初期解の計算）　43
　　どの質問項目を分析するか―手順①　43
　　初期解の計算方法（因子抽出法）を指定する―手順②　44
　　とりあえず，計算を　46
　　計算がうまくいかないとは？　48
　　繰り返し回数（収束反復回数）の設定　50
　　因子の数を決定しよう　52
　　固有値で決める　52
　　スクリープロット基準　53
　　因子数を強制的に決める　55

②.④ 解釈に合わせる（因子軸の回転）　57
　　初期解では解釈のしようがない　57
　　初期解のプロット図を回転させてみる　58
　　因子軸は勝手に引けばよい　60
　　コンピュータに回転させる（バリマックス回転の例）―手順③　61
　　因子名を決める（因子の解釈）―手順④　64
　　解釈可能性の検討　64

②.⑤ 軸を別々に回転させる（斜交回転）　65
　　プロマックス回転～斜交回転の例～―手順③'　68
　　因子の解釈―手順④'　69
　　因子パターンと因子構造　70
　　因子負荷と相関係数の違い　72
　　因子間の相関　74
　　回転の2つの種類（直交回転と斜交回転）　75
　　項目の取捨選択　79

敬遠されてきた斜交回転　81
　　　斜交回転は怖くない　81
　　　やるんだったら，斜交回転　82
　②.⑥　**因子寄与，因子寄与率，共通性，独自性**　84
　　　因子寄与と因子寄与率　84
　　　直交回転の場合　84
　　　斜交回転の場合　86
　　　もう1つの因子寄与　88
　　　他の因子の影響を無視した因子寄与と他の因子の影響を除去した因子寄与　89
　　　共通性は1つだけ　90
　　　共通性推定の問題と因子分析の計算　91
　②.⑦　**ここまでくると因子分析が見えてくる**
　　　　　　〜因子得点，尺度の信頼性，論文での書き方まで　93
　　　因子ごとの点数　93
　　　因子分析とは？　95
　　　因子得点とは？　97
　　　因子分析のモデルとその計算　98
　　　因子得点の推定　98
　　　コンピュータで因子得点を計算させる〜手順⑤　99
　　　因子分析では標準化　100
　　　因子得点の重み付け係数を推定　101
　　　回答値の単純合計をとることの問題　103
　　　単純構造でないといけないのか　104
　　　尺度の信頼性　105
　　　クロンバックの α 係数を算出することの意味　107
　　　論文での書き方　108
　②.⑧　**統計パッケージ出力例**　110
　2.8.1　SPSS出力例　110
　2.8.2　SAS出力例　115

3章　因子分析の正しい使い方　127
　③.①　**どんなときに因子分析をしたらよいのか**　127
　3.1.1　主成分分析との違い　127
　　　なぜ，因子分析と主成分分析を間違うのか　130
　　　間違ったままでよいのか　130
　　　主成分分析を正しく行なうには　132
　3.1.2　重回帰分析や判別分析との違い　132

　　　　重回帰分析　132
　　　　判別分析　134
　　　　予測のために行なう分析　137
　　3.1.3　クラスター分析との違い　137
　　3.1.4　どの多変量解析を使うべきか　139
　　3.1.5　共分散構造分析との違い　141
　　　　検証的因子分析は共分散構造分析　143
　　　　主成分分析も共分散構造分析の仲間　145
　　　　重回帰分析や判別分析も共分散構造分析の仲間　145
　　　　共分散構造分析は薔薇色か？　146
　　　　ここで因子分析が必要に　146
　　　　因子分析のアイデンティティ　147
　　　　因子分析だけが生き残る？　147
　3.2　因子分析はうさんくさい　147
　　　　観測変数（項目）ですべてが決まる　148
　　　　結果オーライ　151
　　　　因子分析は解釈しだい　153
　　　　統計だけ厳密にやっても意味がない　154
　　　　データをいかにとるかが問題　155
　　　　因子分析リタラシー　156

4章　Q&Aと文献 ……………………………………… 159
　4.1　Q&A　159
　4.2　文献　168

5章　用語集&索引 ……………………………………… 173

　　　　　　　　　　　　　　　　　　あとがき　181

0章 はじめに

■ みんな因子分析をわかりたい

　この本の執筆を思い立ったのは筆者の1人の松尾です。もう1人の筆者の中村は計量心理学が専門ですが，松尾は統計の専門家ではありません。専門は心理学ですので，因子分析を使う機会はあるのですが，自分の研究でデータを因子分析したことはありません。学生の卒論で因子分析をさせたことがある程度です。「心理統計」といったような授業を担当したこともありません。そんな松尾が因子分析の本を書くきっかけとなったのは，2000年の九州心理学会で開催された「因子分析」のワークショップでした。ワークショップというより，講習会といった感じで，講師を中村が務めていました。そして，そのワークショップに参加していたのが松尾です。

　中村は，初心者にもわかりやすく丁寧に話をしていたつもりです。少なくとも，松尾はそう思っておりました。ところが，休憩時間に大学院生らしき人の話を耳に挟んだのです。「あそこまではなんとか，でも，その後が…」。大学院生はかなり熱心に話を聞いているのですが，やっぱりわかっていないようなのです。でも，わかりたいという気持ちがあるのです。

　因子分析のワークショップに参加するような人は，統計の専門家だとか，ちょっとマニアックな統計好きの変わり者とかではないかと思っていました。ところが，その参加者の様子を見ていると，もちろん，統計好きの人も少なからずいましたが，大学院の学生などで，理解していないから理解したいと思って参加している人もかなりいました。心理学関係の大学院や大学では，統計関連の授業は必ずあるはずですし，このような講習会や書籍なども多くあるはずですから，大学院生でも，それなりにわかっているのだろうと思っていました。ところが，十分に理解できていないというのが現状のようなのです。

■ 専門家だけで書いたのではわからない

　わからない人が多くいるという理由の1つは，数式に対するわかりにくさなのでしょう。因子分析の書籍は多く出版されていますが，ほとんどの本は，丁寧に数理的な話がしてあります。ところが，そこでつまずく人が多いようです。人間は，いったん，「わからない」ということがわかってしまうと，「自分はわかってない」と帰属させてしまいますから，どうしても，先には進めなくて，いつまでもわからないということになってしまいます。

　筆者の1人の松尾は，最近，マニュアルのわかりやすさ（わかりにくさ？）について研究をしています。マニュアルをわかりにくくしている最大の問題は，わからない人の立場

●1●

に立って書くということが難しいということです。それは，マニュアルを書く立場の人が悪いのではなく，しょせん，無理なことなのです。どんな分野の内容でも，一度，自分が正しく理解してしまうと，わかっていることが当たり前になってしまい，わからない人の立場には立てないのです。そして，マニュアルに書くときに，自分が正しく理解しているから，間違ったことは伝えてはいけないという思いがあるため，マニュアルの記述に厳密さを求めてしまって，かえってわからなくなってしまうのです。

統計においても同じようなことが言えるのではないかと考えています。統計の専門家が書いた因子分析の本は多く出ています。数式を使って，厳密にきちんと書いてあります。記述として間違いはありません。ただし，それを正しく理解するには，初学者の人には難しいのです。

授業や講習会などで，統計の話を聞く機会があっても，そのときは納得がいくのでしょうが，因子分析の結果が書かれた論文を読んだり，自分で因子分析をしたりする段階になると忘れてしまうのです。そのときはわかっていたつもりでも，いざとなるとわからなかったりするのです。

実際に因子分析を使いたいけれども，本を読んだだけでは理解できないことが多いのです。そういうとき，みんなはどうしているのでしょうか。おそらく，私たちが理解していくのは，まわりにいる人の中で，ちょっと統計に詳しい人がいて，その人に話を聞いて，あぁそうかと思うのです。ここで，ちょっと統計に詳しい人というのがミソで，詳しすぎる人は，厳密さに陥ってしまったり，初心者には何がわからないかがわからなくて，かえって説明べたになってしまうのです。でも，ちょっと詳しい程度の人は，わからない人の気持ちはよくわかるし，厳密さを求めませんから，かえって初心者にはいいのです。わかっていない人の立場をある程度理解できますから，教えたことが厳密には間違っているかもしれないですが，理解への道はつながるのです。統計の専門家だけが書いた数理的な記述だらけの本を読むよりも理解が進むのです。

ちょっと詳しい人に尋ねるという理由には，専門家が身近にいないこともありますが，専門家に聞くのは，自分がいかに知らないかを曝け出すことになってしまうから，聞きづらいということもあります。でも，ちょっと統計に詳しい人は，完全にわかっているわけではありませんし，わからない立場の人のことがわかるので，気軽に聞けるのです。

■ 身近に尋ねる人がいますか？

ただし，ちょっと統計に詳しい人も，いつもそばにいてくれるわけではありませんし，また，そういう人に対してさえも聞きづらいということはあります。この本は，そのちょっと統計に詳しい人の役割をする本だと考えています。本来，本書で書く内容は，オフレコの内容なのかもしれません。厳密にはこうなんだけど，こう考えてしまってもいいとか，これでやってしまってもいいよといった話になっています。本という形で出版するよりも，ホームページなどでの情報提供がスマートなのかもしれません。実際に，因子分析関係では，香川大学の堀啓造先生のリンク集（http://ww.ec.kagawa-u.ac.jp/~hori/statedu.

html）などはとても参考になります。ホームページにはホームページのよさがあるのですが，本は本としてのよさがあります。おそらく，統計の専門家だけで書く本でしたら，オフレコのような内容を本に著わすということは躊躇されるでしょう。しかし，筆者の1人の松尾は，最初に述べましたように統計の専門家ではありません。だから，このような本を書こうと思い立ったわけです。

■ わかりやすさを優先させた本を書きたい

本書の草稿は松尾が全面的に書きました。松尾は統計の専門家ではないため，厳密さに欠けるところがあると思います。もちろん，間違いがあると困りますので，中村がチェックをしました。ただし，この本はわかりやすさを優先させたかったため，わざと厳密な言い方をしていないところもあります。また，数式を使わないために，統計の専門家からみるとまどろっこしい表現になっているところもあります。そのため，松尾と中村で意見が対立したところもありました。しかし，わかりやすさを優先したかったために，松尾の主張を通したところもあります。

本書は，因子分析に興味がある方ならば，どんな方にもお読みいただきたいと思っております。筆者の2人とも専門が心理学ですので，例としてあげているのは，心理学のものが多く含まれていますが，それ以外の分野の方にもわかる例をあげましたので，どのような分野の方にもわかるように書いたつもりです。なかなか人に聞けない人，専門の本を読んでもわからない人，この本をこっそり買って「わかって」ください。

■ 本書の構成

本書は，5章（この章を含めると6章ですが）から成り立っています。1章では，自分で因子分析はしないが，論文などに書いてある因子分析の結果を理解したいという人のために，因子分析の結果の見方を説明しました。2章では，実際に自分のデータで因子分析をしたい人のために，統計パッケージを利用した因子分析のしかたを説明しました。ここで取りあげた統計パッケージは，SPSSとSASです。SPSSは，Windows版を利用したメニュー選択の対話方式での分析のやり方について説明をし，SASではプログラム例と簡単な実行結果を紹介するにとどめました。実際の分析結果についてはSPSSの分析例を使いました。自分で分析をしたいという方は，2章だけではなく，1章も読まれることをお勧めします。3章では，正しい因子分析の利用について，他の多変量解析との違いなどの話をします。4章は，Q&Aと文献を集めました。利用者にとっては，自分が知りたいことがどこに書かれてあるのかを知りたいのですが，通常の索引や目次だけからは探しにくいところがありますので，このような形式を設けました。内容は，1章〜3章に書かれた内容と重複するところがかなりありますが，すぐに利用者の疑問に答えが出るようにしています。詳しい内容を知りたい方は，1章〜3章に詳しく書いてあるところがありますので，その部分を参照してください。参考図書も載せましたので，さらに勉強したい方には役に立つと思います。5章は，用語集です。索引もかねています。

1章 因子分析の結果を見る

　因子分析は，心理学，社会学，経済学，医学などさまざまな分野で利用されており，多変量解析の中でも，もっとも多く利用されている分析手法です。特に，心理学の分野では，心理学関連の学術雑誌を見ると，因子分析を行なった論文は必ず１つか２つかは掲載されているほど，もっともポピュラーな分析です。そのため，因子分析を行なったという記述を論文で見かける機会が多くなっています。ところが，その論文で因子分析をしているということはわかっても，「主因子法」，「固有値」，「寄与率」，「バリマックス回転」，「因子負荷」などの専門的な用語が出てきて，因子分析についてよく知らない人は面を食らうことがあります。さらに，因子分析の結果として大きな表が載っていて，やたら数字が並んでいるのを見ると，うんざりしてしまうこともあります。用語もわからないし，数字ばっかりだと，何が書いてあるのかわからず，難しいという印象をもってしまうのです。一度，難しいと思ってしまうと，もうお手上げになってしまいます。

　ここでは，まず，因子分析を使ったことを記述してある論文を読むときに，どうすればよいのかという話をします。自分で因子分析をしたいという人にとっても，この章で書いてあることは，とても参考になりますので，ぜひ読んでください。

　あれこれ理論的な話をする前に，さっそく具体的な例で見てみましょう。表1.1.1を見てください。この表は，「介護肯定感がもつ負担軽減効果」というタイトルの論文で，学術雑誌「心理学研究」（日本心理学会の学術雑誌で，日本の心理学関連の雑誌ではもっとも権威あるとされているものの１つです）に掲載された櫻井成美さんの論文から引用しました。若干，オリジナルを修正しています（表の注をみてください）。論文の中味は，タイトル通り，介護をするのは負担ばかりではなく，介護には肯定的側面もあり，それが負担軽減に効果をもたらしているという内容のものです。その中で，まず，介護の負担感を調べるための質問調査を実施し，負担感についての因子分析を行なっています。質問項目は全部で30項目で，"非常にそう思う（４点）"から"全くそう思わない（１点）"で回答を求めたものです。表1.1.1には30項目のうち，16の質問項目が載せられています。この論文の中で，因子分析の結果について次のように記述がされています。

> 平均が極端に大きい５項目を除外した後，因子分析（主因子法，固有値１以上の値についてバリマックス回転）を行なった。因子負荷が１つの因子について0.40以上で，かつ２因子にまたがって0.40以上の負荷を示さない16項目を選出した。その結果４因子が抽出され，第１因子は"介護者の日常"，社会生活の拘束感（以後"拘束感"と呼ぶ），第２因子は"限界感"，第３因子は"対人葛藤"，第４因子は

1章 因子分析の結果を見る

"経済的負担"と解釈された。また信頼性の検討のため、クローンバックの α 係数を算出したところ、各下位尺度とも .70 以上の内部一貫性がみられた。

そして、その結果を示したのが表 1.1.1 です。因子分析を、ごく簡単に説明すると、このように質問項目に共通している因子をいくつか見つけ出す分析です。この文章と表をみると、「主因子法」、「固有値」、「バリマックス回転」、「因子負荷」、「クローンバックの α 係数」（これは因子分析の用語ではありません）、「寄与率」など、いろいろと専門用語が出てきます。これらがどんなものなのかがわからないために、不安になってしまいます。ところが、ただ論文に書いてある因子分析のことを読むだけであれば、これらの用語の中には、わからなくてもよいものが多く含まれています。したがって、結果だけを知りたいのであれば、わからなくてよいものまで無理に理解しようと努力する必要はありません。わからないといけないものだけ理解するようにすれば、話は実に簡単なことなのです。

それでは、どのようなことがわからなくてよいのか、そして、どのようなことはわからないといけないのか、まずそれを区別しておきましょう。

表 1.1.1 介護負担感の因子分析の結果。櫻井（1999）を一部改変。

変数（質問項目）	因子1 拘束感	因子2 限界感	因子3 対人葛藤	因子4 経済的負担
第1因子：拘束感（$\alpha=.84$）				
・趣味や学習をしたり、くつろいだりする時間がない	.72	.07	.18	.10
・介護で体のあちこちに負担がかかっている	.70	.31	.02	.08
・介護のためにやることが沢山あって、時間におわれている	.69	.14	.17	.08
・介護で気が抜けないと感じる	.65	.23	.08	.07
・介護のために家事、買い物、家庭の世話、仕事などに支障がある	.59	.16	.12	.22
第2因子：限界感（$\alpha=.85$）				
・誰かにお年寄りの世話をかわってもらいたいと思う	.21	.72	.26	.15
・病院か施設で世話してほしいと思う	.19	.68	.27	.07
・お年寄りの世話をすることに負担や重荷を感じる	.23	.66	.25	.19
・これ以上お年寄りの世話を続けることはできないと感じる	.31	.63	.19	.07
第3因子：対人葛藤（$\alpha=.79$）				
・お年寄りとうまくいかなくて悩んだり嫌な思いをすることがある	.11	.35	.66	.19
・お年寄りが実際に必要な世話以上のことを要求する	.23	.19	.57	-.05
・お年寄りとかかわっていると腹のたつことがある	.15	.37	.57	.08
・家族や親戚があなたの悪口をいったり、非難したりする	.10	.09	.56	.33
・お年寄りのことで、家族や親戚と意見がくいちがうことがある	.05	.19	.52	.35
第4因子：経済的負担（$\alpha=.84$）*				
・お年寄りの世話をするのに十分な経済状態でない	.20	.15	.15	.79
・介護が経済的な負担になっている	.16	.13	.20	.78
因子寄与**	2.67	2.40	2.01	1.66
寄与率	16.65	14.98	12.85	10.36

* 第4因子に含まれる項目が2つしかないため、後の分析では省いてあるが、因子負荷の表には掲載されているため、そのまま掲載した。
** オリジナルでは、「因子負荷量の2乗和」となっているが、ここでは「因子寄与」とした。

1.1 わからなくてもよいもの

先にあげた例でいえば，わからなくてもよいものは，「主因子法」，「固有値」，「バリマックス回転」です。「因子負荷」はわからないといけません。「寄与率」はわかったほうがいいという程度です。それから，「クローンバックの α 係数」は因子分析の用語ではありませんので，当面はちょっと置いておきます。ここで挙げられたものは区別がつきますが，自分が別の論文を読んだときには，どれがわからなくてよいのか自分でわかるようになるという保証はありません。そこで，そのあたりをもう少し詳しくみてみましょう。

■ 因子分析の手法はわからなくてよい

どんなものがわからなくてよいのかというと，因子分析の分析手法のやり方の記述に関するものはわからなくてもよいのです。わかっていたほうがよいものは，因子分析の結果に関する記述です。分析手法のやり方の記述はわからなくてよいと言ってしまうと叱られそうですが，読むだけならばわからなくてもいいのです。

因子分析の結果の記述の中で，よく次のような表現が出てきます。

> 因子分析を行なった。初期解を最小二乗法によって求め，固有値1以上のものを因子とし，3因子が抽出された。それに対してバリマックス回転を行なった。因子負荷および寄与率を表に示した。

> 因子分析（最尤法，プロマックス回転）を行ない，4因子を抽出した。その因子パターンを表に示した。各因子は，○，○，○と解釈される。

ここで，初期解，最小二乗法，固有値，バリマックス回転，因子負荷，寄与率，最尤法，プロマックス回転，因子パターンといった用語が因子分析に関連する用語です。因子分析の手法に関する記述はわからなくてもよいと言いましたが，それでは，どの記述が手法に関する記述なのでしょう。おおざっぱにいいますと，「○○解」，「○○法」，「○○回転」，「固有値」，「スクリープロット」，「○○基準」といったものです。だいたい，このような書き方をしているものは，因子分析の手法に関することなので，読み飛ばしてもかまいません。わからなくてよいものに，どのようなものがあるか表1.1.2にまとめました。

表1.1.2 結果を見るだけならわからなくてよいもの一覧

○○解	初期解，主因子解，最小二乗解，最尤解など
○○法	主因子法，最小二乗法，最尤法など
○○回転	バリマックス回転，プロマックス回転，オブリミン回転，プロクラステス回転など
固有値，スクリープロット	

■ なぜわからなくてよいのか

論文ではどのようなやり方で行なったのかを書くことが求められます。心理学の論文であれば，どんなやり方の実験をしたのか，どんなやり方の調査をしたのかといったことを書くことになります。基本的な記述としてこれらは大切なことですが，読む側にとっては，その子細はどうでもよかったりするのです。たとえば，実験の記述などで，次のような記

述があります。

> 刺激の作成および実験の制御は，パーソナルコンピュータ（SONY VAIO PCV-R73K）を使って行なわれた。

このような記述では，コンピュータを使ったということは大事な記述ですが，それがどのメーカーであるとか，型番とか，そんなことは，読む側にとってはどうでもよいことなのです。おそらく，たまたま，自分の研究室にあったコンピュータがそのコンピュータであっただけで，この実験ではこのコンピュータでなくてはならないという特別な事情があったわけではないことが多いのです。別のメーカーのものでよいのです。読む側はそのあたりの事情をわかっていますから，適当に読み飛ばし，そのメーカーの型番とかがわからなくても，別に気にしません。

実は，それと同じような事情が因子分析の場合にもあるのです。ここで，因子分析という統計分析を使っているということは大切なことなのですが，その手法にどんなやり方を使っているのかということは，実験に使っているコンピュータのメーカーがどこのものなのかといった程度のことで，その論文を読む側にとってはどうでもいいことなのです。ただし，次の章で話をしますが，自分で因子分析をやるときにはその手法についてある程度理解しないといけません。どの手法を使うのかを自分で選択しないといけなくなるからです。これは，自分がコンピュータで実験する立場になったときと同じようなことです。実験をコンピュータでやりたいと思ったときに，どのメーカーのものを買うべきか選択に迫られるのと同じことなのです。

ここまで言いきってしまうと，統計の専門家には叱られます。因子分析の手法に何を使うかは，本当は，コンピュータのメーカーがどこであるというレベルよりも上であるはずです。じゃあ，どの程度レベルが上なのかと言われると難しいところです。この本を読んでいくうちに，どの程度のレベルかがわかってきます。それがわかれば，因子分析がどのようなものかわかったと自信をもっていいはずです。

■ 因子分析の手法は適当に決めている

ということは，やっぱり，どのような手法を使って因子分析をしたのかはわかったほうがいいのではないかと考える人も多いでしょう。手法によってそれぞれの特徴があるはずです。確かにそうだと思います。しかし，どの分析手法を使うべきかに決まったやり方があるわけではありません。一般に，因子分析の手法がどうやって選ばれるかをあげてみました。

1. 計算結果が自分にわかる
2. 人からいいと聞いた
3. 人にやってもらった
4. わからないから適当に行なった
5. 自分の結果をうまく説明できる

因子分析の数学的な理論を本当にわかって使っている人は，非常に少ないのです。ちょ

うど，コンピュータを使うのに，コンピュータのしくみを本当にわかっていて使っている人が少ないのと同じです。

　因子分析をするのには，今の時代，手計算でやる人はいません。SPSS とか SAS といった統計パッケージソフトを使ってやるのが一般的です。因子分析をやってみると，いろいろな結果が出てきて，どこをどのように見ていいのかわからないことがあります。手法によって，出てくる情報が異なるのです。そこで，どういう選択をするかというと，出てきた計算結果が自分にわかるものだけを使うという選択肢が第一にあるのです。分析をした人は，論文に因子分析の手法や結果を書かないといけないわけですから，それが自分にもわかっていないと書きようがありません。

　次に考えられるのは，人から聞いてやるということです。自分でどの手法がいいのか決められませんから，因子分析に詳しい人に聞いて行なったというものです。さらに，場合によっては，自分で分析をせずに，データだけ渡してやってもらうという場合もあるでしょう。卒論などの分析の場合，大学院生や指導の先生にやってもらうというケースがかなりあります。学部の２年生や３年生は，卒論発表会で「因子分析を行なった」と４年生が話をしているのを聞いて，「わぁ，すごい。そんなこと私にもできるかしら」と思うのですが，実は，多くの場合，卒論の学生は因子分析のことは何も知らないのです。

　聞く人がいる場合はまだいいのですが，場合によっては，人にも聞けないこともあるでしょう。そのときは，適当にやってしまうということがあります。

　以上の４つの選択肢は，ある意味では不純な動機だと考えられます。もっとも，建設的なやり方は，５番目の最後の動機です。自分の結果がうまく説明できるということです。最初に言いましたように，因子分析では，データによって，この手法でないといけないということはほとんどありません。どの手法であってもやろうと思えばできます。ただし，やってもうまく計算してくれないという場合はデータによってはあります（統計パッケージを使うと，警告メッセージが出て計算してくれなかったりします）。あるいは，結果は出るのだけれども，自分の思い通りの結果ではないという場合があります。これは，手法の特徴がそれぞれにあって，向き不向きがあるのです。たまたま，向いてないやり方をやってしまうと，こういう結果になってしまいます。

　これは，あくまでも向き不向きの問題であって，使ってはいけない手法を使ってしまったということではありません。数学的にこの手法でないといけないから，この手法を使ったということではないのです。統計分析の中には，データによっては，この手法はいいけれども，この手法ではいけないというのがあったりしますが，因子分析の中の手法に限っていえば，そのようなことはありません。どの手法でも使っていいのです。ただし，先ほども述べましたように，ただうまく結果が出ないというだけです。そのためには，もちろん，各手法の特徴をよく知って使うことがうまいやり方です。

　そのあたりの話は次の章にまかせるとして，ここでは，論文に書いてあるものを読む側の立場で考えたいのです。したがって，ある手法の記述が論文に書いてあれば，その手法

は，論文を書いた人が，自分の結果をもっともうまく説明できるやり方を使ったんだと理解すればよいのです。ただし，実際にそうであるかどうかはわかりません。ただ，人に聞いただけとか，とりあえず使っただけとか。本当は，もっと，うまく説明できる手法があるのにというケースもあります。そのあたりの詮索は統計に詳しい人にまかせるとして，ここでは，論文の執筆者が自分のデータにうまくマッチした手法を使っているのだと好意的に解釈しておくのが賢明です。つまり，読む側はその使った手法が何であるかはただ読み飛ばせばいいのです。

先ほどの櫻井さんの論文の記述の中から，わからなくてもよいものを削ってしまいました。さて，後はこの記述がわかればよいのです。それは，次の節で説明します。

> 平均が極端に大きい5項目を除外した後，因子分析を行なった。因子負荷が1つの因子について0.40以上で，かつ2因子にまたがって0.40以上の負荷を示さない16項目を選出した。その結果4因子が抽出され，第1因子は"介護者の日常"，社会生活の拘束感（以後"拘束感"と呼ぶ），第2因子は"限界感"，第3因子は"対人葛藤"，第4因子は"経済的負担"と解釈された。

1.2 わからないといけないもの

これまでは，わからなくていいものの説明をしてきました。繰返しになりますが，因子分析の手法に関する記述はわからなくてもいいのです。しかし，因子分析の結果については，わからなければなりません。ただ，それには，いくつかの段階があります。わからないといけないものからわかったほうがいいものまでさまざまです。ここでは，わからないといけないものから順番に説明していきましょう。

因子分析をする目的は何かというと，**因子**を見つけることです。ここで，いきなり，因子とは何かを述べていくと，ふつうの因子分析のテキストになってしまいますから，そんなことはしません。ちょっと角度を変えて，統計分析とは何かを簡単に話しておきます。統計分析とは，たくさんのデータをできる限り少ないデータで表現し直そうということです（検定になると少し事情は違います）。たとえば，2つのデータ群があります。Aという条件で行なったデータとBという条件で行なったデータが，それぞれ10個ずつあったとします。2つの条件AとBでは何が違うかを知りたいのですが，10個ずつを一度に比較するのが難しいのです。そこで，それぞれ平均をとったりします。すると，2つの平均を比較すればいいのですから，どっちが大きいのかということが簡単にわかってしまいます。統計分析のほとんどは多かれ少なかれ，このようなことをやるのです。たくさんのデータをできる限り少ない値でわかりやすく説明しようとすることが目的なのです。

たとえば，ある質問調査をしたとしましょう。100人に20個の質問項目で回答を得たデータがあったとします。単純に数えると，2,000個のデータがあることになります。そこで，やり方としては，それぞれの質問項目ごとに平均を算出するとか，クロス集計にするとかするわけです。平均をとると，2,000個のデータが20個に少なくなります。ただし，

それだけでは，質問項目間の相互の関連を見ることができません。そこで，クロス集計をやります。そうすると，質問項目の全組み合わせは，190（20×19÷2）にもなります。これは，クロス表の数になりますから，数値結果としては，もっと多いわけです。こうなってくると，どのようにデータを見てよいのかわからなくなります。さらに，複数を組み合わせると膨大な数のデータとなってしまいます。相互の関連を見るには，適切ではありません。

そこで，相互の質問項目が関連しあっている潜在的な要因を探し出そうというのが，因子分析です。因子分析では，相互の関連を数個の因子で説明しようというのです。したがって，因子分析の結果で大事なのは，どのような因子が見つかったかということ，質問項目とどのように関連しあっているのかということです。簡単なことかもしれませんが，いちおう整理をしておきます。

　1．どのような因子が見つかったか
　2．因子と質問項目にはどのような関連があるのか

以上の2つのことがわからないといけません。

まず，どのような因子が見つかったのかということですが，櫻井さんの論文の記述をもう一度見てみましょう。次のような記述があります。

> 第1因子は"介護者の日常"，社会生活の拘束感（以後"拘束感"と呼ぶ），第2因子は"限界感"，第3因子は"対人葛藤"，第4因子は"経済的負担"と解釈された。

この記述を読むだけで，どのような因子が見つかったかは，わかりますから，難しいことではありません。

■ 因子の名称は独断で

ここで問題になるのは，因子に付けられた名称（**因子名**）です。統計分析パッケージを使って因子分析をしても，因子の名称は出てきません。因子の名称は，分析をした人が主観的に命名するだけです。ただ，やみくもにつけていいわけではありません。各因子が，質問項目とどのような関連をもっているのかに応じて付けることになります。ただし，その付け方に決まった基準があるわけではありません。その関連の度合いを見て，「エイヤッ」とつけるだけです。ですから，きわめて主観的です。その関連の度合いを計算することが実は因子分析をするということなのです。統計分析パッケージでやってくれることは，関連の度合いを出すまでです。それから先の因子の名称をどうつけるのかということは，人間に委ねられることになります。

■ 因子と質問項目との関係（因子負荷）

それでは，その因子と質問項目との関係はどうなっているのでしょうか。論文の中に，因子負荷，因子パターンといった書き方がされているのが，それです。この場合，各因子と各質問項目（厳密には質問項目の回答）の関連の度合いを数字で示した形で表現されます。

櫻井さんの論文では，それが表で書かれています（表1.1.1）。この表が因子分析の結

果です。この表の見方さえわかれば、実は、因子分析はわかったことになるのです。この表の書き方は、どのような因子分析でも、ほとんど同じ形になっています。ただし、それぞれの執筆者がわかりやすく工夫をしたり、使っている用語が若干違っていたりします。

　表の左端に縦に書いてあるのが、質問項目（観測変数、あるいは、「変数」とだけ書く場合もあります）です。上の横方向には因子が書いてあります。そして、表の中の数値が**因子負荷**とか**因子負荷量**といわれるものです。繰返しになりますが、因子分析は、複数の質問項目が共通に関連している潜在的な因子を見つける分析手法です。問題になるのは、どの程度、その潜在的な因子と関連しているかです。その程度を示すものが因子負荷です。たとえば、表の最初の「趣味や学習をしたり、くつろいだりする時間がない」という質問項目に対して、因子1の因子負荷は.72となっています。一般に因子負荷は1.0〜−1.0の間で変化します（厳密には、その範囲を超えることもあります）。したがって、.72という数値はかなり関係性が高いとみることができます。以下横にみていくと、因子2は.07、因子3は.18、因子4は.10ということがわかります。そうすると、この「趣味や学習を…」という質問項目は因子1と大きく関わっているということがわかります。と同時に、他の因子とは関わりがないことがわかります。同様に見ていくと、その後の4つの質問項目「介護で体のあちこちに…」、「介護のためにやることが…」、「介護で気が抜けない…」、「介護のために家事…」も因子1の因子負荷が他の3つの因子よりも高く、因子1と大きく関わっていることがわかります。このような数値（因子負荷）を通して、各質問項目と因子との関わりの度合いが出てくるのです。そうすると、ここで、この因子1は、「拘束感」という名称が適当だなということがわかってきます。因子2以降についても同様で、もう説明はしませんが、表1.1.1を見ていただければ、だいたい納得がいくと思います。

　ここで、関連が有るのか無いのかの判断の基準をどうするかという問題が出てきます。これは、分析をした人が適当に決めるのです。櫻井さんの論文の記述に次のようなくだりがありました。

> 因子負荷が1つの因子について0.40以上で、かつ2因子にまたがって0.40以上の負荷を示さない16項目を選出した。その結果、…

櫻井さんは0.40を基準としたということがわかります。この基準を上回る項目がその因子に関連あるものとして、表では、各因子に関連のあった項目をまとめて並べています。この質問項目の並べ方は決まりがあるわけではありませんが、質問項目の順番に並べたり、同じ因子に関わりがあるものをまとめて並べたりしてあります。後者のほうが多く、場合によっては、質問項目の順番がわかるように番号を付記する場合もあります。櫻井さんの論文では、同じ因子に関わりがあるものをまとめて、さらに、因子負荷が高いものから順番に並べてあります。これがもっとも一般的なやり方だと思います。

　ふつう、因子分析の結果の表では、この例のように、因子ごとに関連のある項目をまとめて表記してありますから、すぐにわかりますが、統計パッケージの出力では、ただ質問項目の順番に並んだままであったりしますから、この表にあるように、一目見てすぐにわ

かるわけではありません。分析をした人は，どの質問項目とどの因子が関わっているのかを見て，因子の名称を決めていくのです。このような結果の表を見せられると，最初に因子の名称が決まっていたかのように錯覚してしまいますが，実はそうではありません。先に，このような因子負荷の値が出てきて，各因子の名称を「エイヤッ」とつけるのです。もっとも，質問項目を作る段階でどのような因子が出てくるかを頭に描いているはずですから，まったく白紙の状態で因子を決めるということはありません。

因子負荷と質問項目の関係をもう少しわかりやすくするために，因子と質問項目との関係を図で表わしてみたのが，図1.2.1です。この図では，各質問項目に対して，どの因子がどのように関わっているのかを表わしています。基本的にはどの因子もすべての質問項目に関わっているのですが，強弱があります。その強弱が因子負荷です。図では，それを矢印の太さで表現しました。因子負荷の値に応じて太さを変えるほうがいいのでしょうが，図がごちゃごちゃしてしまいますから，櫻井さんの基準にしたがって，負荷量の絶対値が0.40以上を太い矢印で表現し，それ以下の場合は細い矢印で示しました。いずれにしても，矢印がごちゃごちゃしてしまっていますが，このように，どの因子もすべての項目に関わっているということを理解してほしいのです。そして，もう1つ大事なことは矢印の方向です。因子から質問項目に対して矢印が描いてあります。これは，潜在的な因子が存在しており，その因子が各質問項目での回答に対して影響を及ぼしているということです。

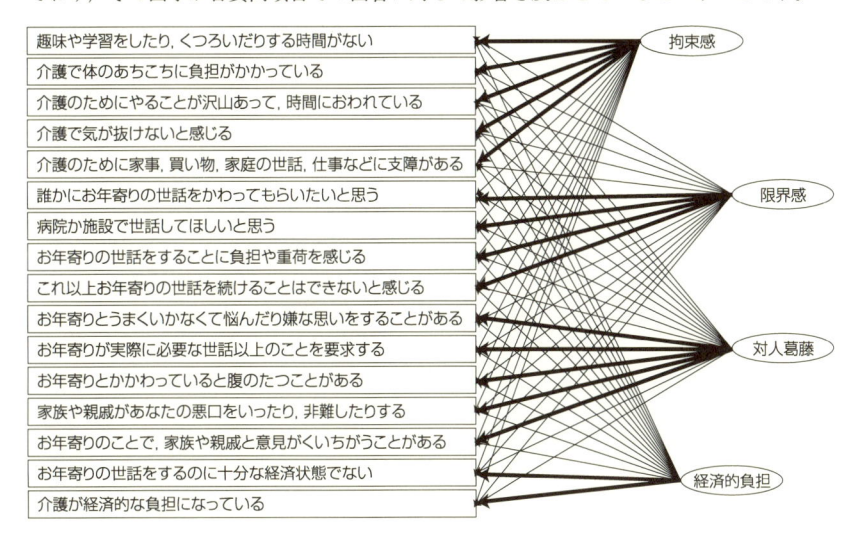

図1.2.1　共通因子と各質問項目との関係

■ 質問項目の取捨選択

ここで示した質問項目は16項目です。しかし，櫻井さんが使った質問項目は30あったのです。残りの14個はどこにいったのでしょうか。そのうち5個は「平均が極端に大きい5

項目を除外した後，因子分析を行なった」という記述がありましたから，因子分析以前に除外されています。残りの9個は，実は，因子負荷の値を見て，取捨選択をされていたのです。ふつう，因子分析をした場合に，どの質問項目も都合よく，ある1つの因子に関連があるような結果は出ません。どの因子とも関連がない（因子負荷が低い）項目があったり，複数の因子と関連をもっていたりする項目も出てきます。そこで，このような項目を削除することがあります。さきほどの櫻井さんの論文の記述を読むと，0.40を基準として，これらの項目を削除していることがわかります。そして，残った16項目というのは，1つの因子だけで因子負荷が0.40以上になっている項目ということです。

ただし，このような項目をいつも削除するのかというとそういうわけではありません。質問紙尺度を作る場合，後の処理が面倒になるから，このような削除を行なうわけで，質問紙尺度を作る目的でなければ，これらの項目は残しておいてもかまいません。論文などに書く場合，このような質問項目は因子の名称の解釈（つまり，どのような潜在因子が存在するか）を考える上では必要ありませんから，スペースの節約もあって，省略して表には載せないということはよくあります。もちろん，余裕があれば載せてもよいのです。もっとも，どの因子とも関連が無かった項目は残しておいても意味がありませんから，削除してもいいでしょう。削除した場合，残された項目だけで，もう一度因子分析を行ないます。

話を元に戻しますが，櫻井さんのデータの場合，複数の項目で関連が高いものを除外しています。櫻井さんの分析では，負担感の尺度を作ることをねらいとしていますから，複数の因子に関連がある項目は必要ないのです。おそらく，櫻井さんのデータの場合，30個のうち（平均の高い）5個を除いて25個で因子分析を行なった結果を見て，さらにさきほどの基準を適用して，9項目を除外して，再度16項目で因子分析を行なったのだと思います。

因子分析は，1回限り行なうものではなく，質問項目を取捨選択しながら，何度も因子分析を行なって，うまく解釈できるようにするものなのです。櫻井さんの論文のように質問紙尺度を作成することがねらいである場合には，1つの因子だけに因子負荷が高い項目だけを残すことが多いようです。さらに，こうした過程を経て，1つの因子には最低でも3つの項目が関連していることが必要でしょう。そのため，実は櫻井さんの論文では，ここで作成した質問紙尺度のうち第4因子は2項目にしか関連していないため，後の段階での分析では削除しています。櫻井さんの論文では以下のような記述が本文中にありました。

> 負担感尺度の下位尺度の1つである"経済的負担"…（中略）…については，項目数が2項目と少なかったことから，今回は下位尺度として扱うことを控えた。

このように，因子に関わる項目の数をある程度確保できない場合は，因子としてみなすことを控えないといけないでしょう。

■ 因子分析のモデル

ここで，因子分析の基本的な考え方を説明しておきましょう。因子分析は，ある**観測変**

数がどのような**潜在因子**から影響を受けているかを探るものです。観測変数とは，ここでは質問項目に対する回答と考えてください。観測変数という言い方をするのは，直接，私たちが知り得るデータであるということです。それに対して，因子は直接観察することができない潜在的なものです。因子と観測変数との関係を調べるのが因子分析で，その関係が因子負荷という数値で表現されます。

　櫻井さんの論文を例にとって考えてみましょう。介護負担感は，介護に関して，"拘束感"，"限界感"，"対人葛藤"，"経済的負担"を感じるかどうかによって決まるわけです（最初からわかっているようなことを書いていますが，これは因子分析の結果からわかったことです）。そこで，ある質問，たとえば「趣味や学習をしたり，くつろいだりする時間がない」という質問が与えられ，"非常にそう思う（4点）"から"全くそう思わない（1点）"かどうかの回答が求められます。そのとき，回答者が拘束感を感じていれば，これに対して，「そう思う」という傾向の回答をするでしょう。逆に，拘束感を感じていなければ，「そう思わない」という回答になるでしょう。しかし，その他の"限界感"，"対人葛藤"，"経済的負担"を感じているかどうかは，この質問への回答に影響を受けません。それはなぜかというと，この質問に対しての因子負荷が"拘束感"については，.72と高いのに対して，その他の因子の因子負荷が，.07, .18, .10と非常に小さいからです。難しく考えなくてもわかることですが，「…時間がない」という質問になっているわけですから，限界感とか対人葛藤や経済的負担とは関係がなく，拘束感と強く関連があることがわかるでしょう。

　その関係を図1.2.2に表わしてみました。その人が感じている"拘束感"，"限界感"，"対人葛藤"，"経済的負担"が質問に対する回答に影響を与えるのですが，それは，因子負荷の高低によって変わってくるわけです。この図では，「趣味や学習…」という質問項目についてしか示していませんが，もちろん，実際には他の質問項目についても，ここでの4つの因子"拘束感"，"限界感"，"対人葛藤"，"経済的負担"が影響を及ぼすのです。これらの4つの因子はどの質問項目の回答に対しても共通して影響を及ぼします（負荷量の値によって，その影響の度合いは異なります）ので，**共通因子**と呼ばれます。この共通因子を，観測変数のデータ（ここでは質問項目に対する回答）から見つけ出すことが因子分析です。さらに，この図の中で**独自因子**と書いたものがあります。共通因子とは他の質問項目にも共通に関わる因子ですが，独自因子は，その質問項目だけに独自に関わる因子です。「趣味や学習…」に回答しようとしたときに，もともと趣味とか学習に時間を割くなどとは考えていない人もいるかもしれません。そのような人にとっては，介護にたとえ，"拘束感"を感じていたとしても，「趣味や学習をしたり，くつろいだりする時間がない」に対して「そう思わない」と回答するかもしれません。一方，自分の趣味や学習の時間をとることに高い価値をもっている人は，それほど"拘束感"は感じていなくても，この質問に「そう思う」と回答するかもしれません。いずれにしても，この質問項目では「趣味や学習をしたり」と書いてあるために，このことに左右されて回答が変わってくるのです。

1章　因子分析の結果を見る

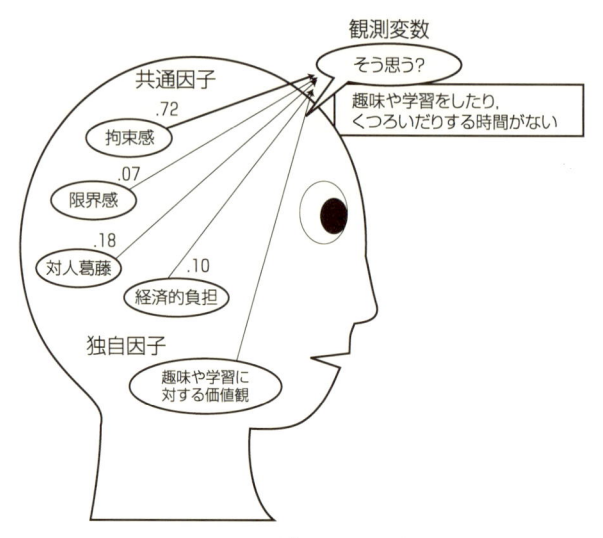

```
         共通因子           観測変数
              .72        そう思う？
          拘束感  ─────→ 趣味や学習をしたり，
              .07          くつろいだりする時間がない
          限界感
              .18
          対人葛藤
                .10
            経済的負担
        独自因子
            趣味や学習に
            対する価値観
```

図1.2.2　因子分析のモデルの概念図

　この「趣味や学習をしたり」ということは，他の質問項目には含まれておらず，この質問項目独自の内容になっています。この独自の内容が質問の回答に関わるため，その影響を与えるものを共通因子と区別して独自因子というわけです。独自因子は，すべての質問項目にそれぞれ存在することになります。たとえば，次の「介護で体のあちこちに負担がかかっている」というのは，共通因子として"拘束感"が考えられますが，身体的負担という内容は，独自因子になります。一般に，「因子」というときは，「共通因子」を指します。独自因子は，むしろ因子分析では誤差として扱いを受けると考えたほうがいいでしょう。

　この図で表わされているように，因子分析とは，次のようなモデルになっていると考えてよいでしょう。私たちが直接知り得る観測変数のデータには潜在的な共通因子と独自因子の要因が関係しており，さらに，共通因子はいくつかの因子があることが想定され，その共通因子を探ることが因子分析なのです。これが因子分析の基本的な考え方で，因子分析のモデル式としてよく表わされています。ここでは，その式は紹介しません。それを説明すると，ちょっと難しくなり，さらにいろいろ説明しなければならないことが増えてくるからです。因子分析の結果を理解する上ではそれらのことを知っておく必要はありませんので，ここでは，図1.2.2が理解できれば十分です。

■ 因子負荷のプロット

　因子負荷は，一般に表形式で表現されます。これでもわからないわけではないのですが，因子負荷をグラフで表現することがあります。グラフで表現すると，因子の特徴や質問項目の関連性がよくわかってきます。そのため，グラフを論文などに掲載することもあります。ただし，紙面の都合で因子負荷の表だけということが多いようです。自分で因子分析

をするときは，グラフを描いたほうがいいでしょう．各因子を軸として，各質問項目の因子負荷をプロットしていくわけです．ただし，一般に因子は複数出てきますので，それらをグラフにすると多次元になってしまって，実際にはごちゃごちゃになってしまいます．そのため，ふつうは，2因子ごとに2次元のグラフとして表わすことになります．櫻井さんの因子負荷を使ってグラフを描いてみましょう．ただし，櫻井さんの場合4因子ありますので，組み合わせをすべて考えると，6通りもあることになります．そこで，第1因子と第2因子だけで描いてみたいと思います．x軸を第1因子の"拘束感"の因子とし，y軸に第2因子の"限界感"の因子をとり，16の質問項目の第1因子と第2因子の因子負荷をプロットしました．それが図1.2.3です（質問文は短く要約しています）．この図をみると，質問項目数が多いので，少しごちゃごちゃしていますが，どの質問項目が第1，第2因子のそれぞれどの因子に対して負荷量が高いのかがよくわかります．

最後に，練習のために，もう1つ別の例をみてみましょう．表1.2.1に示しました．これは，社会心理学研究（日本社会心理学会の学会誌）に掲載された田中堅一郎さんの「日

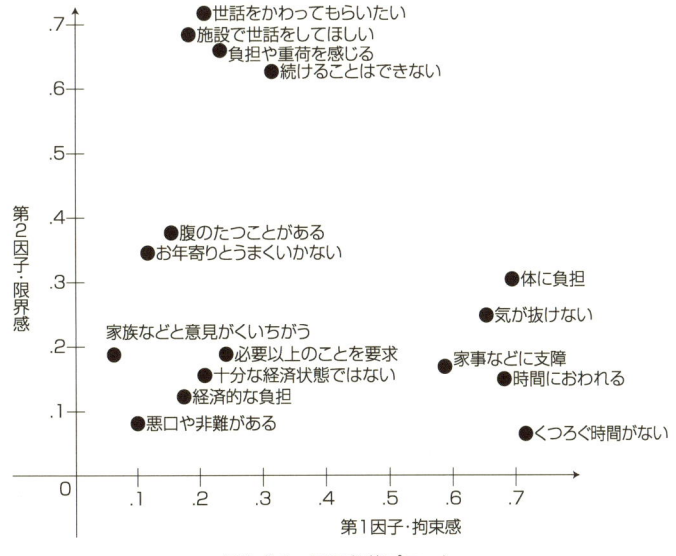

図1.2.3　因子負荷プロット

本語版セクシュアル・ハラスメント可能性尺度についての検討：セクシュアル・ハラスメントに関する心理学的研究」という論文から引用したものです．田中さんの論文は，セクシュアル・ハラスメントの加害者の特性を探る尺度としてセクシュアル・ハラスメント可能性尺度を作成しようとするものです．その可能性尺度の妥当性を検討するために，セクシュアル・ハラスメント行為をどの程度深刻だと評定するかを測る尺度として，セクシュアル・ハラスメント評定尺度を導入しておられます．各項目に対して，"きわめてささい

な（1点）"から"非常に深刻な（5点）"の5段階評定をさせています。その尺度の因子分析の結果です。論文の中では因子分析の結果について次のような記述がなされています。原文にアンダーラインを引きました。この部分だけわかればよいということです。

> 20項目について主因子解にもとづく因子分析が行われた。分析の結果，初期解における固有値の減衰状況（第1因子から第4因子まで，8.42，2.62，1.17，1.02）から判断して，2因子が採択された。これらの因子に対して直接オブリミン回転が行われた（Table 2）。回転の結果から，第1因子には項目内容から見ると相手の意志を無視した強引な性的行為（例えば，項目番号15，20，8）に高い負荷量が付与された。従って，この因子は「強引な行為」と命名できよう。第2因子には，項目内容から見て職場などでよくありがちな軽率な行為（例えば，項目番号6，10，18）に高い負荷量が付与された。従って，この因子は「軽率な行為」と命名できよう。これら因子分析の結果は，田中（1997）の結果とほぼ一致する。各因子について因子負荷量が.400以上*の項目（第1因子：12項目，第2因子：7項目）を合計した値を尺度とみなした場合，α係数がそれぞれ.928，.830と十分な内的整合性を有している。そこで，各因子の合計値を「強引な行為」尺度（レンジ：12〜60，平均値：51.93，標準偏差：8.42）と「軽率な行為」尺度（レンジ：7〜35，平均値：21.57，標準偏差：5.64）として用いることとした。
>
> *筆者注：原文では「以上」ということばは入っていなかったが筆者が付加した。

この例でも，因子負荷を0.400という基準で項目を分けています。そして，この表では，質問項目の番号が書いてあり，さらに，因子負荷が小さい場合（この場合は0.4未満）では数値が省略されています。このような表の示し方もあります。項目数や因子数が多くな

表1.2.1 セクシュアル・ハラスメント評定尺度についての因子分析（直接オブリミン回転後）。田中（2000）を一部改変。

項目内容		第1因子	第2因子
5	（断っているのに）性的な関係を求める	.870	
2	（相手が望んでないのに）お尻や胸に触る	.855	
15	（相手が望んでないのに）強引にホテルに連れ込もうとする	.836	
9	ある女性の性的な噂を意図的に流す	.778	
20	（相手が望んでいないのに）性的な関係を結んでほしいと迫る	.756	
11	（ある女性に）性的な内容のかかれた手紙を送る	.753	
19	（職場にいる女性に）性的な内容の電話をかける	.717	
13	（相手が望んでいないのに）キスする	.694	
12	（ある女性に）「親密な交際」を受け入れるよう強要する	.656	
8	（相手が望んでいないのに）抱きつく	.625	
14	（相手が断っているのに）交際を求める	.460	
3	個人的な性体験をたずねる	.416	
6	（やりたくないのに）カラオケでデュエットを強要する		.740
18	職場できわどい性的なギャグやジョークを聞かされる		.666
4	未婚かどうか，もしくは結婚（離婚）したのかどうかについてたずねる		.661
7	（断っているのに）食事やデートに誘う		.643
10	（ある女性に）宴会でお酒を強要する		.606
16	（ある男性から）用もないのに体をじっと見つめられる		.539
17	自分が経験した猥談を職場内で聞かされる		.461

注1．第1因子と第2因子との相関係数は.400となった。
注2．因子負荷量が.400未満の数値は省略された。
注3．「1．職場の目立つところに女性のヌード写真を掲示する。」は，いずれの因子ともに因子負荷量は.400に満たなかった。

ると（この場合はそうでもないのですが），全部の数値を載せていると，表がごちゃごちゃしてしまいますから，このような表記がなされます。ただし，できれば全部の表記を載せるほうがいいでしょう。

1.3 わかったほうがよいもの

　さて，これで，因子分析の結果の基本的なところはわかったわけです。さらに，もう少し理解しておいたほうがいいものがあります。因子分析の結果をみるだけならば，わかったほうがいい程度かもしれませんが，自分で因子分析をする人にとっては基本的な事柄ですから，ぜひ読んでおいてください。

　ここでは2つをあげます。1つは因子抽出がうまくいったかどうかを示す指標の話として，因子寄与，寄与率，共通性といった話をします。次に，因子分析の結果，各因子の得点を出すことがありますが，因子を1つの尺度とみなしたときの尺度の得点についての話です。

■ うまく共通因子が見つかったか（因子寄与と共通性）

　因子分析では，複数の質問項目に共通した潜在的な因子をみつけるわけですが，因子がうまく見つかる場合もありますが，そうでない場合もあります。うまく因子が見つかったのかそうでないのかを示す指標をとることがあります。

■ 因子寄与，因子寄与率，累積寄与率

　因子が見つかるというのは，因子と項目との関係が成立しているということですから，因子と項目との関連がどの程度あるのかを見ることによって明らかになります。その関連は，因子負荷という形で表現されていますから，因子負荷が高いものがたくさんあれば，それだけその因子はうまく見つかったと考えてよいわけです。言いかえると，項目が因子を説明するのに寄与しているという言い方もできます。そこで，**因子寄与**という言い方がされ，寄与が高いとか低いといった言い方をします。

　因子寄与がどの程度あるかは，因子負荷を見ればわかる話です。各因子の因子負荷に高いものがたくさんあれば，それだけ各質問項目がその因子を説明しているのに寄与していることになります。再び，櫻井さんの表をみてみましょう。第1因子の場合の因子負荷を縦にずっとみていけばよいわけです。因子負荷の最大値は絶対値でほぼ1.0だと考えればよいわけですから，そうやってみていくと，およそ状況はわかります。しかし，因子負荷は，質問項目の数だけあるわけですから，たとえば，第1因子と第2因子を比較してどっちがうまく因子として寄与されているかを判断することはできません。ここで，統計分析の常套手段を用いるわけです。複数の数値どうしは比較できないため，1つの数値で代表させるというやり方です。そこで，因子負荷を縦に合計していけばいいではないかということになります。ただし，単純に合計してしまうと，負の値があったときに困りますから，よく統計では行なわれるやり方として二乗して合計しようというやり方がでてきます。こ

のようにして算出したものが，実は，「因子寄与」と言われるものです。

再び，櫻井さんの表を見てみましょう。表の下のところに因子寄与と書いてあります。論文掲載のオリジナルの表では，「因子負荷の2乗和」と書いてありました。つまり，因子負荷の二乗和を計算すると因子寄与になるのです。たとえば，因子1「拘束感」の因子について，縦に.72, .70…を1つずつ二乗して合計をしていくわけです。そうすると，表の下にある因子寄与の値になります。同様に他の因子についても計算したものが表に示されています。そうすると，因子寄与は第1因子がもっとも高く，後はしだいに因子寄与は低くなっていくことがわかります。

因子数を決める場合もこの因子寄与が決め手になります。因子は一般に因子寄与が高い順番に第1因子から出てきますから，あまりにも因子寄与が低い場合は因子として採用しないということになるわけです。

それでは，因子寄与がどの程度の値を示したときに，寄与が高いと判断できるのでしょうか？　因子寄与の値がどの範囲をとるのかがわかっておけばよいのです。因子寄与は，原則的に理論上最大値は質問項目の数になります（原則的と書いたのはそうでない場合があるということですが，それは2章で説明します）。櫻井さんの例では，16項目であったわけです。したがって，因子寄与の理論上の最大値は16ということになります。16というのは各因子の最大値ではなく，各因子の因子寄与を合計したときの最大値が16です。極端な場合1つの因子の因子寄与が最大値の16となり，他の因子の因子寄与が0ということがありえますから，表現上最大値は16という言い方になります。ただし，因子寄与が0ということは因子が抽出できなかったことですから，現実的にひとつの因子の最大値が16をとることはありえません。櫻井さんの場合，4因子を抽出していますから，単純に4等分しても，最大値は4程度ということになります。一般には，第1因子の因子寄与が高いので，単純に4等分はできませんが，これが1つの目安と考えてもいいかもしれません。

そこで，実際に櫻井さんの因子寄与を見てみますと，第1因子で2.67，第2因子2.40，第3因子2.01，第4因子1.66となっています。値4に比べると決して高い値ではありませんが，格段低い値ではありません。さらに4つの因子寄与の値の差が少なく，4つの因子がほぼ均等して寄与していることがわかります。

このように因子寄与によって，どの因子がどの程度寄与しているかがわかるわけですが，質問項目の数に左右されるので，わかりにくいところがあります。質問項目の数が多くなれば，因子寄与は大きくなりますし，少なくなれば因子寄与は小さくなります。そこで，割合で算出することがあります。それが**因子寄与率**といわれるものです。寄与率は，理論上の最大値（この場合16）で因子寄与を割って，パーセントで表現します。その値が表1.1.1の最下段に書いてあります。第1因子16.65％，第2因子14.98％，第3因子12.85％，第4因子10.36％です。最大値をとると100％ですから，こちらのほうがわかりやすいでしょう。さらに，この寄与率を第1因子から順番に加算していった**累積寄与率**を算出することがあります。こうすると，ここで，抽出された因子全体として，どの程度寄与しているか

をみることができるわけです。実際に櫻井さんの場合で計算をしてみると、第1因子だけだと16.65%, 第2因子までだと、31.63%, 第3因子まで累積すると44.48%, 第4因子までは, 54.84%ということになります（後述の表1.3.1参照）。こういうとき, この因子分析の結果では, 54.84%まで共通因子で説明できているという言い方をします。

■ 共通性

因子寄与, 寄与率は, 因子に着目をした場合ですが, 今度は, 各質問項目に着目してみましょう。質問項目は当然のことながら, 共通因子を探るために設けられているわけですが, 共通因子を反映しない質問項目が出てくることもあります。それは, 各質問項目の因子負荷を見ることでわかります。各共通因子にどの程度関与していたかがわかるわけです。たとえば, 最初の「趣味や学習をしたり, くつろいだりする時間がない」という質問について, 横に因子負荷をみていきましょう。.72, .07, .18, .10という値になっています。この質問項目は第1因子に多く関与していますから, その値が高くなっていていいわけですが, 第2, 第3, 第4では低くなっています。全体としてどうかといわれたときに, 4つの数値を見せられても,「うーん」としか言いようがないでしょう。そこで, 因子寄与の場合と同じように, ここでも二乗和をとってみようということになります。各値を二乗して合計していくわけです。そうやって計算した値を表1.3.1に示しました。この値を**共通性**といいます。文字通り, 共通因子の部分がどの程度あるのかを示す指標になっています。これを各質問項目ごとに計算していけばよいのです。

それでは, 共通性の値がどの程度であれば高いとみればよいのでしょうか。共通性は, 原則的に最大値1です（ここでも原則的と書いたのはそうでない場合があるのですが, これも2章で説明します）。今度の最大値は, 因子寄与のように複雑ではなく, 単純に各質問項目ごとに最大値が1になるだけです。そのつもりで共通性の各値を見ていくと, それぞれの質問項目がうまく共通因子を探り出すのにどの程度貢献しているのかがわかることになります。

■ 因子寄与, 共通性, 独自性

こうやって, 因子寄与とか共通性を算出することで, どの程度うまく因子をみつけることができたかがわかります。すでに, もうお気づきだと思いますが, 因子寄与と共通性は深い関係にあります。因子寄与は因子の数だけ算出され, その合計値の理論上の最大値は質問項目の数（この場合16）になります。一方, 共通性は, 各質問項目ごとに最大値1で, 全質問項目の共通性を合計すると, 最大で質問項目の数（16）になります。ということは, 因子寄与の合計と共通性の合計は等しいということになります。こうやって文章で書くと何のことかよくわからないと思いますので, 表1.3.1を見てください。因子寄与は縦の二乗和, 共通性は横の二乗和ですから, それらをそれぞれ, 横と縦に合計すると, 値は一致することになります。

さらに, 表1.3.1では右から2番目の列に独自性という欄があります。共通性が共通因子にどの程度寄与しているのかを表わす指標だとすると, 独自性は独自因子にどの程度寄

表 1.3.1　因子負荷の二乗値と共通性，独自性，因子寄与

変数	因子1 拘束感	因子2 限界感	因子3 対人葛藤	因子4 経済的負担	共通性	独自性	共通性＋独自性
第1因子：拘束感							
・趣味や学習をしたり，くつろいだりする時間がない	.518	.005	.032	.010	0.57	0.43	1.00
・介護で体のあちこちに負担がかかっている	.490	.096	.000	.006	0.59	0.41	1.00
・介護のためにやることが沢山あって，時間におわれている	.476	.020	.029	.006	0.53	0.47	1.00
・介護で気が抜けないと感じる	.423	.053	.006	.005	0.49	0.51	1.00
・介護のために家事，買い物，家庭の世話，仕事などに支障がある	.348	.026	.014	.048	0.44	0.56	1.00
第2因子：限界感							
・誰かにお年寄りの世話をかわってもらいたいと思う	.044	.518	.068	.023	0.65	0.35	1.00
・病院か施設で世話してほしいと思う	.036	.462	.073	.005	0.58	0.42	1.00
・お年寄りの世話をすることに負担や重荷を感じる	.053	.436	.063	.036	0.59	0.41	1.00
・これ以上お年寄りの世話を続けることはできないと感じる	.096	.397	.036	.005	0.53	0.47	1.00
第3因子：対人葛藤							
・お年寄りとうまくいかなくて悩んだり嫌な思いをすることがある	.012	.123	.436	.036	0.61	0.39	1.00
・お年寄りが実際に必要な世話以上のことを要求する	.053	.036	.325	.003	0.42	0.58	1.00
・お年寄りとかかわっていると腹のたつことがある	.023	.137	.325	.006	0.49	0.51	1.00
・家族や親戚があなたの悪口をいったり，非難したりする	.010	.008	.314	.109	0.44	0.56	1.00
・お年寄りのことで，家族や親戚と意見がくいちがうことがある	.003	.036	.270	.123	0.43	0.57	1.00
第4因子：経済的負担							
・お年寄りの世話をするのに十分な経済状態でない	.040	.023	.023	.624	0.71	0.29	1.00
・介護が経済的な負担になっている	.026	.017	.040	.608	0.69	0.31	1.00
因子寄与	2.67	2.40	2.01	1.66	8.74	7.26	16.00
因子寄与率	16.65%	14.98%	12.85%	10.36%	54.84%	45.16%	100.00%
累積寄与率	16.65%	31.63%	44.48%	54.84%			

与しているかを示すものです。独自性の計算は単純で，1から共通性の値を引いた値になります。これはちょっと考えればわかると思います。各質問項目の回答に影響を与えるのは，共通因子と独自因子だとするのが因子分析です。言い換えると，質問の回答に影響を

与えるのは，共通因子と独自因子しかないということでもあるわけです。したがって，ある質問に対する共通因子の影響と独自因子の影響をあわせると1になります（表1.3.1のいちばん右端にその値を示しました）。影響として表わされたものが，それぞれ共通性と独自性ということです。そのため，共通性の値がわかれば，1から共通性を減じれば独自性になるわけです。

このあたりを整理するために，図1.3.1にその関係を示しました。これは，表1.3.1を図にしたものだと考えてください。たとえば，「趣味や学習をしたり，くつろいだりする時間がない」という質問項目の場合，共通性が0.57となっており，独自性が0.43となり，合計して1になっています。さらに，共通性は，各共通因子にわかれており，各因子の負荷量の二乗がそれぞれ，.518, .005, .032, .010という値でその合計が共通性0.57の値となっています。次に，図を縦に追っていきましょう。拘束感因子の各質問項目における負荷量の二乗値が.518, .490, .476, .423…となっています。これを合計していけば，拘束感因子の因子寄与になります。こうやって計算をしていきます。その結果，因子寄与は，4つの因子で，2.67, 2.40, 2.01, 1.66となっています。その合計は，8.74です。この合計というのは，各質問項目の共通性を合計した値と等しくなります。図では，因子寄与を因子寄与率で表わしています。4つの因子の寄与率を合計した累積寄与率は54.84%です。残りの45.13%は何かというと独自性の部分です。独自性を縦に合計すると，7.26となります。この共通性の合計と独自性の合計を足し合わせると，16となり，質問項目の数になります。

うまいことできているなと思われた方もおられるかもしれませんが，実は，そう簡単に

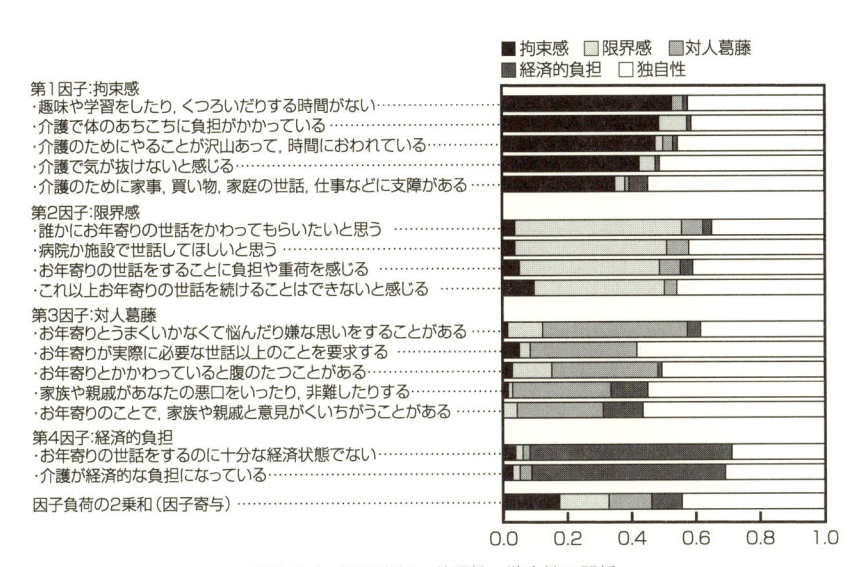

図1.3.1　因子寄与，共通性，独自性の関係

いかないところが因子分析のやっかいなところなのです。このようなすっきりとした関係になるのは各因子が直交しているときだけなのです。各因子の軸が直交しておらず斜交回転をしてしまった場合は，この関係は成立しないのです。ほら，ほら難しいことばが出てきて，「あーやっぱりわからない」と思われた方もおられるでしょう。とりあえず，このことは置いておきましょう。

櫻井さんの論文では共通性や独自性は書いてありませんでした。基本的にはこれらは因子負荷から計算可能ですから，あえて書かなくてもわかるわけです。論文によっては，共通性を書いたものもあります。そのような例を表1.3.2に示しました。これは，安藤さんと箱田さんの「ネコ画像の再認記憶における非対称的混同効果」という論文です。論文の内容をすべて書くのはたいへんですから，この論文の中で，因子分析に関係しているところだけを説明します。ネコの目，耳，足などを部分的に削除したり付加したりした画像を見せて，その印象を評定させるという予備調査を行なっています。これまで紹介した論文は調査研究でしたが，この論文は，実験研究で，刺激を呈示して印象を評定させるという実

表1.3.2　ネコ画像の印象評定。安藤・箱田（1999）より引用。

項目＼因子	第1因子 現実・典型性	第2因子 安定・均衡	第3因子 嫌悪・怪奇	共通性
10. 正常な	**.762**	.268	−.252	.716
2. 自然な	**.669**	.513	−.188	.746
18. 現実的な	**.664**	−.111	−.075	.459
7. 変な	**−.663**	−.095	.473	.673
4. 平凡な	**.654**	.214	−.337	.587
6. 珍しい	**−.575**	.070	.288	.418
9. 典型的な	**.570**	.210	−.163	.396
23. おかしい	**−.450**	−.154	.142	.294
15. おもしろい	**−.399**	.397	−.135	.335
5. バランスよい	.278	**.720**	−.217	.642
21. 安定な	.242	**.684**	−.073	.532
12. 便利そうな	−.026	**.561**	−.192	.353
11. かわいそう	.068	**−.526**	.340	.397
22. 安全な	.220	**.373**	−.059	.191
8. 不気味な	−.293	−.207	**.699**	.618
1. 気持ち良い	.242	.363	**−.654**	.617
13. 怖い	−.133	−.181	**.653**	.477
14. ドキッとする	−.200	−.208	**.638**	.490
24. 驚くような	−.458	−.112	**.616**	.602
20. 奇妙な	−.420	−.045	**.614**	.553
3. 美しい	.078	.556	**−.565**	.635
19. 感じが良い	.162	.423	**−.541**	.498
16. 目立つ	−.304	−.090	**.516**	.367
17. かわいい	−.056	.312	**−.367**	.235
寄与率	17.7%	13.3%	18.02%	
累積寄与率	17.7%	31%	49.02%	

験において因子分析を利用している例です。この論文では以下のような記述がありました。

> 6枚の各画像に対して，24項目の印象評定を27名の大学生が行った。被験者には，各形容詞についてSD法形式の7段階評定が求められた。その後，それらの評定値について因子分析（主因子法，バリマックス回転）を行なった（Table 1）。固有値が1.00以上の基準によって因子数の決定を行った結果，3因子が抽出された。第1因子には"正常な"，"現実的な"，"変な"などの項目を含んでおり，"典型性・現実性因子"と命名した。第2因子には"バランスがよい"，"安定な"などの項目を含んでおり"安定・均衡因子"と命名した。さらに第3因子には"ドキッとする"，"怖い"などの項目が含まれており"怪奇・嫌悪因子"と命名した。
>
> 三つの因子に関係する項目を，因子負荷量の高いものから各三つを選択し，合計9項目からなる印象評定用紙を作成した。

このように，いわゆる調査だけではなく，実験でなされる刺激に対する評定といったデータもこうやって因子分析をすることができます。もう，ここでは説明をしませんので，因子負荷，共通性，因子寄与率などがどうなっているのかをみてください。

■ 各因子の尺度ごとの点数

田中さんの論文の最後には，次のような記述がありました。

> 各因子の合計値を「強引な行為」尺度（レンジ：12〜60，平均値：51.93，標準偏差：8.42）と「軽率な行為」尺度（レンジ：7〜35，平均値：21.57，標準偏差：5.64）として用いることとした。

これは，潜在的な因子が見つかった場合，それを点数で表わそうというのです。因子分析を利用する場合に利用頻度として高いのは，この例のように，何らかの質問紙を作成する場合です。田中さんの論文では，セクシュアル・ハラスメント行為をどの程度深刻に受けとめているかを調べることが目的ですから，ここでの質問内容を質問紙として利用して，セクシュアル・ハラスメント得点を出したいというねらいがあるはずです。そのときに，全体のセクシュアル・ハラスメント得点だけではなく，下位（尺度）得点として，2つの因子「強引な行為」因子と「軽率な行為」因子でのそれぞれ点数を出したいということです。このときのやり方は2通りあります。

1．因子に関連がある項目の点数を単純に合計または平均する。
2．因子得点を算出する。

■ 単純な合計

単純で簡単なやり方は1のやり方です。ある因子に関連がある項目の回答の点数を合計するだけです。田中さんの結果でいえば，「強引な行為」の因子は，項目5, 2, 15, 9, 20, 11, 19, 13, 12, 8, 14, 3の12の項目の回答の点数を合計し，「軽率な行為」の因子では，項目6, 18, 4, 7, 10, 16, 17の7項目の点数を合計すればよいのです。田中さんの論文の記述はそれを示しています。

ここで，レンジと書いてあるところを見ると，それがはっきりします。レンジとは，尺度得点の取る範囲ですが，「強引な行為」は12項目，「軽率な行為」は7項目で，回答の評定が1〜5でしたから，項目の合計を取ると，範囲がそれぞれ12〜60, 7〜35になります。やり方としては非常に単純でわかりやすいやり方です。

1章 因子分析の結果を見る

安藤さんと箱田さんの論文でも同様のやり方をとっていました。「三つの因子に関係する項目を，因子負荷量の高いものから各三つを選択し，合計9項目からなる印象評定用紙を作成した」とあります。こちらは，尺度構成というよりも，実験で行なう印象評定の質問紙を作るという目的で行なわれています。

■ 因子得点

ところが，ここで，ちょっと疑問が出てきます。因子に対する各項目の関わりの程度が違うのではないかということです。確かに，その通りです。それが因子負荷となって出てきているわけですから，単純な合計をしてしまうと，因子負荷を出している意味がなくなってしまいます。田中さんの例でいうと，「強引な行為」因子の「性的な関係を求める」の項目は.870の因子負荷があるのに対して，「個人的な性体験を尋ねる」項目は.416しかありません。この負荷量の違いは重みづけの違いがあることを表わしているわけですから，単純に合計するのではなく，これを反映した尺度得点を出すほうが合理的でしょう。そこで，それを加味したやり方として**因子得点**の算出という2番目のやり方が出てきます。

因子得点は次のようにして計算されます。因子分析によって得られた因子負荷をもとに各因子の重みづけを算出します（計算のやり方は複雑ではありませんが，説明するのはちょっとやっかいですので，省略します）。そして，各項目の合計を算出するときに，その重みづけを掛けて合計をします。しかも，このとき，先ほど因子に関わる項目としてあげたものだけではなく，すべての項目について，その重みを掛けた合計を算出していきます。たとえば，「強引な行為」は12項目の項目が関連していると決めたわけですが，因子得点を算出するときには，この12項目だけでなくすべての19項目についても，重みづけを乗じた値を合計していくわけです。文章で書いただけではわかりにくいと思いますので，このあたりの詳しい説明は次の章で話をします。

ここで理解しておけばよいのは，次のようなことです。素点の単純な合計の場合は，因子負荷の値を加味せず，その因子との関係の有無を二分法的に決定し，合計にあたっては関係ありの質問項目だけで計算を行ないます。一方，因子得点は，因子負荷を勘案して，重みづけを算出して，その重みづけを掛けていって合計を出しますので，すべての質問項目を利用して計算をします。

質問紙の作成ということが目的であれば，因子得点の算出は面倒になりますので，一般には，単純に関係のある項目のみを利用して合計値の算出をすることが多いようです。

■ クローンバックのα係数

櫻井さんの論文の中に，「クローンバックのα係数」というのが出てきていたのを思い出してください。その部分を改めてここに示しました。

> その結果4因子が抽出され，第1因子は"介護者の日常"，社会生活の拘束感（以後"拘束感"と呼ぶ），第2因子は"限界感"，第3因子は"対人葛藤"，第4因子は"経済的負担"と解釈された。また信頼性の検討のため，クローンバックのα係数を算出したところ，各下位尺度とも，.70以上の内部一貫性がみられた。

さらに，因子負荷の表（表1.1.1）にも「α」の値が書いてありました。その段階での説明では，因子分析の用語ではないと説明をしておりました。確かに，因子分析の用語ではありません。ただし，それが尺度の得点の算出と関連があることなので，ここで話をしておきます。

　質問紙を作成する場合，ある尺度についての質問項目は1つではなく複数の質問項目で構成されます。たとえば，櫻井さんの論文でいえば，介護の負担感について"拘束感"，"限界感"，"対人葛藤"，"経済的負担"の4つの尺度からなり，それぞれ表1.1.1にあったような複数の質問項目から構成されています。たとえば，"限界感"については，「誰かにお年寄りの世話をかわってもらいたいと思う」，「病院か施設で世話してほしいと思う」，「お年寄りの世話をすることに負担や重荷を感じる」，「これ以上お年寄りの世話を続けることはできないと感じる」の4つの質問項目から構成されています。これらは，4つとも"限界感"に関する質問項目なのですが，違った質問内容になっています。違う質問内容であっても，それらがすべて同じ"限界感"について問う内容になっていないといけないわけです。そうでないと，質問紙としての信頼性が失われます。表面的には，4つの項目の質問内容を見る限りは確かに"限界感"についての内容になっています。しかし，本当にそうなのかは，回答者の回答結果を分析してみないといけません。その分析のやり方の1つが因子分析です。因子分析の結果，この4つの質問項目は，共通して同じ因子に高い負荷量を示し，それが"限界感"に関する因子であるということがわかったわけです。

　さらに，この4つの質問項目について，同じ"限界感"について尋ねていることになっているという**信頼性**を示す指標をとろうというわけです。その信頼性の指標が**クローンバックのα係数**という係数なのです。同じ尺度内の質問項目で一貫性があるかどうかをみるわけで，内的整合性の指標であるとも言われます。櫻井さんのデータならば，"拘束感"について5項目，"限界感"について4項目，"対人葛藤"について5項目，"経済的負担"について2項目とそれぞれのα係数を算出することになります。そのα係数の値が表1.1.1に併記してあったわけです。

　クローンバックのα係数の算出は，因子分析を行なったらいつも行なうのかというとそうではありません。この例のように，質問紙の作成目的で因子分析を行なう場合のみ行なったりするだけなのです。α係数は，基本的には因子分析とは関係のない話です。質問紙作成の手順の中で，因子分析→α係数の算出という流れがあるだけです。

1.4　因子分析の結果を疑ってみよう

　これまでは，因子分析の結果の見方を説明してきましたが，ここでは，一歩進んで，論文に書かれている因子分析の結果がそれでいいのかどうかをみてみることにしてみましょう。これは，論文の結果を疑うということなのですが，けっして，悪意でやるわけではありません。研究は，先行研究の問題点を見つけ出して新たな研究に発展させるということ

が大事なことですから，懐疑の目で論文を読むことは，研究にとって大事なことなのです。因子分析の結果をただ鵜呑みにするのではなく，正しく見る目をもって，そこから，新しい考えを引き出せることであり，建設的な話なのです。

■ 因子の名称はそれでいいのか？

前にも述べましたが，因子の名称は，主観的に決めるものです。したがって，偏った見方で解釈している可能性がないわけではありません。分析しようとする人は，ある程度，仮説をもっていて，きっとこんな因子が出るのではないかということを考えて分析をしているわけですから，因子の名称を決めるのに，バイアスがかかってしまうことは当然のことなのです。

因子の名称は，因子のもつ構造によって決めるわけですが，よく犯しがちな誤りは，因子負荷の高いものだけを選択的に見てしまうということです。因子負荷が低いものも同時に見ないといけません。たとえば，安藤さんと箱田さんの表1.3.2を見てください。第3因子を「嫌悪・怪奇」因子と名づけています。この因子の因子負荷が高いところを見ると，「不気味な」，「怖い」，「ドキッとする」，「驚くような」，「奇妙な」，「目立つ」といった項目です。これだけを見ると，「異常」因子でもいいような気がします。しかし，「安全な」，「安定な」といった項目の負荷は低くなっています。「異常」因子であれば，「安全な」の負荷は負の大きな値になっていいはずですが，そうなっていません。したがって，「怪奇」因子がいいことになります。さらに，負荷で負の大きな値を示しているものを見ると「美しい」，「気持ち良い」などがあり，ただ「怪奇」因子ではうまくありません。そこで，「嫌悪・怪奇」因子と名づけることになります。因子負荷が低いところは，その因子と関連が低いというわけですから，その質問項目と関連が低いということが保証されるような因子名称にしないといけないわけです。

場合によっては，自分がもともと考えている因子だと思い込んで，情報の選択的使用が行なわれてしまい，誤まった因子名称をつけてしまうことがあります。

■ 質問項目に偏りがないか？

因子分析でもっとも問題になるのは，この問題です。因子分析では，挙げられた質問項目の相互の関係から，隠された要因を探し出すのです。そのため，相互の関連が高い質問項目がたくさんあれば，それだけ，それに関連した因子が抽出されやすくなってしまいます。このようなことは，質問項目を選別するときに，うまくなかったということです。穿った見方をすると，研究者が，ある因子を出したいと思って，それに関連した質問項目を多く入れてしまったということも考えられます。もちろん，故意にではなく，仮説として，こんな因子が出ると思っておれば，それに関連する質問項目を多く思い付くということがあっても不思議ではありません。ただ，やっぱり，質問項目を考えるときには十分な予備調査を行なった上で選択しないといけませんから，故意ではなくても，そのような場合は考え直さないといけないでしょう。

また，逆のケースも考えられるわけです。本来なら因子として抽出できてもよいような

ものが抽出されないというケースです。ある因子に関する質問項目が少なかった場合，因子としては抽出されにくくなってしまいます。たとえば，田中さんの論文のデータの場合，「職場の目立つところに女性のヌード写真を掲示する」という質問項目は，2つの因子ともに因子負荷が.400に満たなかったということでした。これは，ひょっとすると，このような事柄に関する質問項目が少なかったのかもしれません。セクシュアル・ハラスメントに関しては，意図的な行為として田中さんがあげられたものもありますが，環境によるセクシュアル・ハラスメントというようなことも言われています。環境に関する質問項目が他にもあれば，第3因子として抽出できるのかもしれません。もちろん，筆者らはセクシュアル・ハラスメントに関して専門的に研究していませんので，あまり軽率なことは言えませんが，この論文を読んだ人が，この因子分析の結果を見て，さらに新たな質問項目を加えて，発展的にセクシュアル・ハラスメントの因子を検討するというようなことがあってもよいでしょう。

■ 質問項目が妥当なのか？

さらに問題なのは，質問の中味が本当に自分が調べたいと思っている内容を問うものになっているかどうかです。この問題は因子分析の問題以前のことなのですが，因子分析といった偉そうな分析を使ってしまうと，それだけで満足してしまい，抽出された因子が1人歩きをしてしまい，肝心の質問の妥当性の検討がおろそかになってしまうことがあるのです。さきほども述べましたように，質問項目の構成が因子分析の結果を決めるわけですから，その質問項目が本当に自分が調べたいと思っている事柄をきちんと反映した質問内容になっていないといけないわけです。

■ 分析手法が正しいのか？

分析のやり方が間違っていれば当然問題です。ただし，この章で話をしましたように，ただ結果を見るだけならば，どのような手法を使っているかは問題にしなくてよいと思います。自分のデータを解釈するために，最善の方法を選択したのだなと好意的に思っておけばよいのです。実際には，間違ったやり方として「×」をつけないといけないようなケースはないと思います。ただ，もっとよいやり方があるというケースはあるようです。このあたりは，統計の専門家にまかせるとしましょう。

ただし，自分で因子分析をするとなると，そうも言ってはおられないこともあります。次の章では，自分が因子分析をする話になります。そこでは，自分のデータにふさわしい手法を選ばないといけませんので，どのような手法が自分のデータによりあっているかを考える必要は出てくるでしょう。

2章 因子分析を自分でする

これまで，因子分析の結果の見方の話をしてきましたが，その中で，因子分析のやり方はいくつかあり，自分のデータにあったやり方を行なっているということを述べてきました。今度は自分で実際に因子分析を行なうわけですから，手法など，自分で選択して決めなければならないことがでてきます。

2.1 どのような調査データが因子分析できるのか？

因子分析をしたいと思っても，自分がもっているデータが因子分析をできるような条件になっていないと因子分析はできません。また，これからデータを取り，後で因子分析をしたいのだが，どのような形でデータをとったらいいのかわからないという場合もあるでしょう。いったい，因子分析に使うデータは，どのようなデータの形式になっていないといけないのでしょうか。

■ 数量的に表現されていること

まず，因子分析を行なうには，そのデータが数値で表現されていないといけません。心理学などでは，データを名義尺度，順序尺度，間隔尺度，比例尺度の4つに分けますが，この中で間隔尺度か比例尺度のいずれかであることが必要になります。

○ **だめな場合（名義尺度）**

たとえば，性別，職業，クラスの番号，Yes-No 形式の回答などは，いわゆる**名義尺度**といわれるデータですので，因子分析には使えません。つまり，単なる名称やラベルは使えません。クラス番号のように，数字で表わされていても，それはラベルにすぎませんから，使えないのです。Yes-No もだめです。

○ **厳密にはだめな場合（順序尺度）**

間違いやすいのは順序尺度も OK だと思ってしまうことです。一般に，因子分析というと，質問項目に対して，「そう思う」から「そう思わない」といったような5件法や7件法の回答を使うことが多いようですが，厳密にいうと，これはだめなのです。たとえば，次のような質問をすることがあります。

(例1) 次の5つから選択してください
・そう思う　・少し思う　・どちらでもない　・あまり思わない　・思わない

なぜだめかというと，それぞれの項目に対する数量化が厳密にはできないからです。このような質問の回答に対して，次のように数値を対応づけて行ないますが，この対応づけがまずいのです。

そう思う　5　少し思う　4　どちらでもない　3　少し思わない　2　思わない　1

ここでは勝手に5点から1点までを対応づけていますが，人によっては，「そう思う」が5点，「どちらでもない」を3点としたときに，「少し思う」は4.5点くらいだとも考えられます。4点ならば，「ちょっと思う」ではないかという人もいるでしょう。この場合，はっきりしているのは，「そう思う」，「少し思う」，「どちらでもない」，「少し思わない」，「思わない」は，思うから思わないまで，この順序であることだけです。そのため**順序尺度**といわれます。それぞれの項目間の違いを，数値では1点ずつで等しく変換してしまっていますが，人間の感覚と対応しているとは言えないのです。

この場合，あくまでも順序が有効なのであって，数量的な間隔の対応はまったくの任意です。調査した人が勝手に1，2，3，4，5と対応づけているだけです。場合によっては，10，17，20，25，50と数量化するのが妥当なのかもしれません。いずれにしても，ただ，ことばでの選択の場合，どのような数値に対応するのかは決めることができません。

そこで，そのような問題を回避するために，実際には，質問紙の中に，「そう思う」という言葉だけが書いてあるのではなく，そこに数字の「5」も書いてあって，そこに○をつけてもらうということにします（例2）。そこで，次に述べる間隔尺度と同じような扱いにしてしまってもかまわないでしょう。

（例2）次の5つから選択してください
5．そう思う　4．少し思う　3．どちらでもない　2．あまり思わない　1．思わない

○大丈夫な場合（間隔尺度，比例尺度）

評定法による回答や課題の成績などは因子分析できます。「そう思う」から「思わない」までを5点から1点に対応させるような評定法のデータは**間隔尺度**と言われます。5点〜1点という間隔だけが意味あるのであって，同じ間隔であれば，3点から−3点でもいいのです。極端に言えば，205点〜201点でもいいのです。このような場合，因子分析に使えます。ただし，実際に回答者が，数量的関係性を厳密に考えて回答しているかどうかについては，どの程度保証されているのかはわかりません。例1のような数値に対応させない評定法の場合，厳密でないけど大丈夫だと言ったのは，本当に厳密さを被験者の評定によって回答を求めるのは難しく，多少いい加減であっても，それを間隔尺度とみなしても，実態は変わらないだろうということがあるからです。

また，課題の成績でも課題に要した時間や幅跳びでの跳んだ距離などは比例尺度になっていますから大丈夫です。**比例尺度**とは，間隔だけが意味あるのではなく，0がゼロとして意味をもちます。時間や距離などは0の場合にきちんと意味があります。一方，評定値

の場合評定値の中に0が含まれていても，含まれていなくてもかまいませんので，0の意味はありません。

よく因子分析の例として，国語，英語，数学，理科，社会の点数を用いた例が使われていますが，質問項目のようなものでなくても，因子分析はできるのです。ただ，本書は，もっともよく使われる質問紙の回答を想定しているため，わかりやすく，質問項目という言い方で統一しています。厳密には観測変数といった言い方をすることが多いようです。

○ だめではないが，あまり意味がない場合

間隔尺度や比例尺度であればなんでもいいかというと，基本的にはいいのですが，因子分析をしようとしたときに，意味があるのかどうかを考えておかなければなりません。たとえば，年齢とか身長は，因子分析の項目として考えるにはあまり意味がありません。

年齢や身長は数量的に表現されており，いわゆる比例尺度になっています。このようなデータは，使えないことはありません。たとえば，年齢を規定する潜在的変数がないわけではないのです。ただし，時間経過という明らかな原因がわかっていますから，これを因子分析のデータとして使うことは意味がないことでしょう。また，身長のようなものは，それを規定する潜在的変数として，生理学的には，運動だとか栄養だとか遺伝とかいろいろ考えられるでしょうが，他の変数といっしょに行なう多変量解析の因子分析をしても意味がないでしょう。むしろ，運動，栄養，遺伝といった規定要因が，身長というひとつの変数にどう影響を与えているかという要因分析を行なうほうがいいでしょう。

因子分析では直接測定可能な変数から，測定できない潜在的変数の存在を知ろうとするところに意味があるのです。潜在的変数と考えられるものが直接測定可能なものであれば，なにも因子分析をする必要はないのです。もっとも，その潜在的なものが何かわからないから，それを見つけ出すのに利用することは意味があるかもしれません。ただし，因果関係がそこに存在するという証拠は因子分析からは出てきません。それは，別の分析をやらないといけないでしょう。

■ 相関があるなら，直線的であること

因子分析は項目間の**相関関係**をもとに，共通因子を探る分析です。そのため，相関関係がまったくない項目ばかりが集まってしまうと共通因子は見つからず，因子分析をしても意味がありません。また，ここでいう相関関係には制約があるということは知っていないといけません。どんな相関関係でもいいわけではないということなのです。その相関は直線的な相関関係でないといけないのです。いわゆる相関係数を計算して分析をしていきますので，相関がある場合でも，その相関関係が直線的でないと相関係数には反映されません。

相関係数は－1～＋1までの範囲をとり，－1に近いほど負の相関があり，＋1に近いほど正の相関があることになります。0に近いほど相関がないことになるのですが，相関が一見あるように見えるのに，相関係数が0になることがあります。それは，その相関関係が直線的でない場合です。

具体的な例で説明しましょう。たとえば，ある製品の評価をしてもらうために，次のような質問項目を準備したとします。

(例3)　使いにくい　　　1　2　3　4　5　　使いやすい
　　　　単純な　　　　　1　2　3　4　5　　複雑な
　　　　機能が少ない　　1　2　3　4　5　　機能が多い
　　　　面白くない　　　1　2　3　4　5　　面白い

この中で，「単純な―複雑な」は「使いにくい―使いやすい」とは相関がありそうです。単純なほど使いやすく，複雑なほど使いにくいということが考えられます。それを図で表わしますと，図2.1.1のようになり（値などはいい加減で，イメージをとらえやすいように描いています），これは負の相関がみられます。実際に計算してみると，相関係数は－0.81となります。そこで，これらの共通因子として，たとえば「わかりやすさ」という因子が抽出できそうな気がします。

一方，「機能が少ない―機能が多い」も「使いにくい―使いやすい」と関係がありそうです。ただ，ここでの関係は単純ではありません。機能が多いのは使いにくいですが，一方機能が少ないのもやりたいことができなくて使いにくいと思うことがあるでしょう。機能がほどほどにあるというのがもっとも使いやすいと考えられます（いろいろ，議論はあると思いますが，ここではそういうことにしておいてください）。ここには，機能の多少と使いやすさに関係性は見いだせます。それを図に表わすと図2.1.2となります（これもイメージ図です）。機能が中程度のところで，使いやすさの評価が高くなっています。ところが，この関係性は直線的な関係ではありません。この場合の相関係数はどうなるかというと－0.14となり，0に近くなってしまいます。

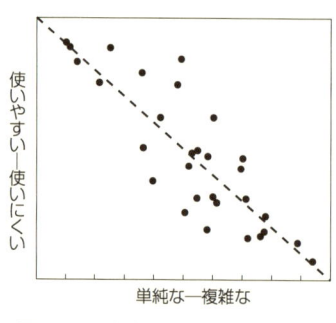

図2.1.1　直線的な相関が見られ，因子分析に使える

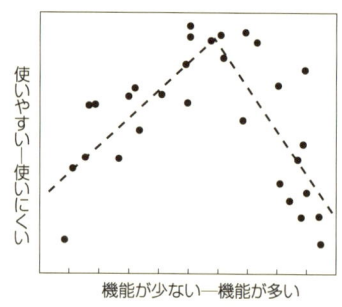

図2.1.2　相関はあるが，直線的な相関ではなく，因子分析に不向き

そうなると，因子分析上では，両項目間には相関が無しとして取り扱われ，予想した結果が得られないことがあります。たとえば，機能の多少が「わかりやすさ」因子と関連し

ていると思っていたのに，そのような結果が出なかったということになるわけです。したがって，質問項目を作成する場合，そのようなことを十分に吟味しておく必要があるわけです。ただし，質問項目を作る場合にそこまで予想がつかないケースも出てきます。それはそれでかまわないのですが，因子の解釈をするときに，本当は関連性が出てきてよかったのに，関連性が出なかったというのは，その関係性が直線的なのかどうかを考えてみることが必要になります。

■ どの項目もある共通のテーマについて観測されたデータであること

これは，当たり前であって，これを守らないケースはまずないのですが，逆に狭い範囲にしか使えないと思っている人が多いのです。たとえば，1章で例としてあげたような介護の負担感やセクシュアル・ハラスメントに関する質問項目を並べたものとか，ある事柄に対する印象を評定させるSD法といったようなものでないといけないと思いがちです。実験データなどは使えないような印象がありますが，そうではないのです。今から自分が調べたいと思っている事柄について観測されたデータであれば何でもいいのです。

たとえば，ヒューマンエラーの研究をしようとして，いろいろな課題を行なわせて，そこでのエラー数をとったとします。それらを因子分析対象の項目としてあげてもかまいません。そうするとエラー発生の因子として，その課題の特性から因子を考えていくことができ，ストレス因とか装置の不備などといった因子が抽出できるでしょう。

実験データだけではなく，質問項目が混在していてもかまいません。たとえば，「わたしは物忘れが多い」とか「わたしはケアレスミスをよくする」といったような質問項目を実験データと混在させてもかまわないわけです。これも，ヒューマンエラーについて観測されたデータということでは一貫していることになるので，問題はありません。

極端なことを言いますと，「人間とは何か」といった大きなテーマを考えて，それに関しての観測データを集めて因子分析をしてもいいのです。種々の医学的検査の結果，いくつかの性格検査の結果，趣味趣向に関する質問回答，さまざまな実験課題の成績など，ありとあらゆる人間に関するデータをとりまとめて因子分析もできます。実際にはこんな馬鹿なことをやる人はいませんが，じつは，心理学でやろうとしていることは基本的にはこのやり方と変わりはありません。実際に心理学でやっているのは，これのサブセットに過ぎないのです。人間の特性のあるところだけに焦点を絞って，そこに関する観測データのみをただ取り扱っているにすぎないのです。

■ 質問項目はどの程度ないといけないのか？

どの程度の数の質問項目が必要なのでしょう。これは，別に規定があるわけではありません。いくつでもよいのです。ただし，因子分析とは，複数の質問項目をそれよりも少ない潜在的因子で説明したいために用いるわけですから，ある因子が関連している質問項目が1つしかないということであれば，因子分析をする意味がありません。最低でも，ある因子に関連する質問項目は3～4は必要でしょう。したがって，あらかじめ因子の数の目安がある場合は，その3～4倍以上の質問項目を準備すればよいことになります。

2章　因子分析を自分でする

■ **質問紙の作成は，データの解釈，データ入力をしやすいように**

　質問紙を作成する場合，評定尺度で行なうことが多いでしょう。間隔尺度として分析をするため，ただ評定値を並べるだけではなく，数直線を引いておく（間隔を視覚的に明示する）ほうがいいでしょう。さらに，後での解釈やデータ入力がしやいように，工夫しておくことも大切です。

（例4：後での解釈がしにくい例）

	よく当て はまる	少し当て はまる	どちらで もない	少し当ては まらない	全く当ては まらない
1．数学は得意である	1	2	3	4	5
2．アンケートに答えるのは好きである	1	2	3	4	5
3．因子分析は好きである	1	2	3	4	5

　例4の場合，後での解釈がややこしくなってきます。「当てはまる」というほうが点数が低くなっているからです。たとえば，「数学は得意である」の項目の因子負荷が大きい場合，それは，「数学が得意でない」ということと関連があるということを意味してしまい，因子の解釈もやっかいですし，それをデータとしてそのまま論文に載せるとそれを読むほうもとまどってしまいます。したがって，「当てはまる」ほうを高い点数にしたほうがよいのです。

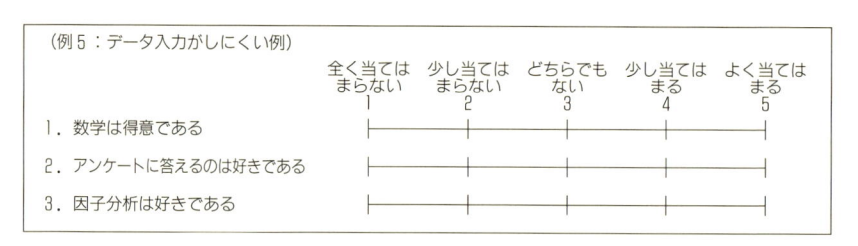

（例5：データ入力がしにくい例）

	全く当て はまらない	少し当ては まらない	どちらでも ない	少し当て はまる	よく当て はまる
	1	2	3	4	5
1．数学は得意である					
2．アンケートに答えるのは好きである					
3．因子分析は好きである					

　因子分析では多量のデータを必要としますから，データ入力もかなりたいへんです。例5は，形式的には問題はないのですが，後での入力のことを考えると，工夫が必要です。この例では，回答者は十字のところに○をつけることになりますが，入力するときに，それがどの値（1～5）になるのかを入力者が一目でわからないのが欠点です。少ないデータのときは問題ないのですが，大量のデータの場合，いちいち○をつけた場所と数字の対応づけをしないといけないため，それが時間のロスになったり，入力ミスを誘発しやすくなったりします。そのため，回答者が直接数字のところに○をつけることができるように

（例6：よい例）

	全く当て はまらない	少し当ては まらない	どちらでも ない	少し当て はまる	よく当て はまる
1．数学は得意である	1	2	3	4	5
2．アンケートに答えるのは好きである	1	2	3	4	5
3．因子分析は好きである	1	2	3	4	5

2.1 どのような調査データが因子分析できるのか？

授業評価についてのアンケート

性別　1. 男　2. 女
所属学部・学科
　外国語学部　11. 外国語学科　12. 国際関係学科　　経済学部　21. 経済学科　22. 経営情報学科
　文学部　31. 比較文化学科　32. 人間関係学科　　　法学部　41. 法律学科　42. 政策科学科　50. その他

1. 内容は理解しやすかった
　　全く当てはまらない　少し当てはまらない　どちらでもない　少し当てはまる　よく当てはまる
　　――――1――――――――2――――――――3――――――――4――――――――5
2. 内容は面白かった
　　全く当てはまらない　少し当てはまらない　どちらでもない　少し当てはまる　よく当てはまる
　　――――1――――――――2――――――――3――――――――4――――――――5
3. 内容はためになった
　　全く当てはまらない　少し当てはまらない　どちらでもない　少し当てはまる　よく当てはまる
　　――――1――――――――2――――――――3――――――――4――――――――5
4. 授業の進み具合は適切だった
　　全く当てはまらない　少し当てはまらない　どちらでもない　少し当てはまる　よく当てはまる
　　――――1――――――――2――――――――3――――――――4――――――――5
5. 教員の熱意は感じられた
　　全く当てはまらない　少し当てはまらない　どちらでもない　少し当てはまる　よく当てはまる
　　――――1――――――――2――――――――3――――――――4――――――――5
6. 授業の準備は十分になされていた
　　全く当てはまらない　少し当てはまらない　どちらでもない　少し当てはまる　よく当てはまる
　　――――1――――――――2――――――――3――――――――4――――――――5
7. 教員自身が内容を十分理解して，教えていた
　　全く当てはまらない　少し当てはまらない　どちらでもない　少し当てはまる　よく当てはまる
　　――――1――――――――2――――――――3――――――――4――――――――5
8. 学生の理解度に合わせて，教えようとしていた
　　全く当てはまらない　少し当てはまらない　どちらでもない　少し当てはまる　よく当てはまる
　　――――1――――――――2――――――――3――――――――4――――――――5
9. 声の大きさは適切だった
　　全く当てはまらない　少し当てはまらない　どちらでもない　少し当てはまる　よく当てはまる
　　――――1――――――――2――――――――3――――――――4――――――――5
10. 学生に理解するようにしゃべる工夫がなされていた
　　全く当てはまらない　少し当てはまらない　どちらでもない　少し当てはまる　よく当てはまる
　　――――1――――――――2――――――――3――――――――4――――――――5
11. 学生が授業に参加しやすいように工夫されていた
　　全く当てはまらない　少し当てはまらない　どちらでもない　少し当てはまる　よく当てはまる
　　――――1――――――――2――――――――3――――――――4――――――――5
12. 学生が質問しやすいよう工夫されていた
　　全く当てはまらない　少し当てはまらない　どちらでもない　少し当てはまる　よく当てはまる
　　――――1――――――――2――――――――3――――――――4――――――――5
13. 授業を静粛に聞けるように，努力（学生の授業態度を指導するなど）を払っていた
　　全く当てはまらない　少し当てはまらない　どちらでもない　少し当てはまる　よく当てはまる
　　――――1――――――――2――――――――3――――――――4――――――――5
14. エピソードや雑談などを交えて，面白くするように工夫がされていた
　　全く当てはまらない　少し当てはまらない　どちらでもない　少し当てはまる　よく当てはまる
　　――――1――――――――2――――――――3――――――――4――――――――5
15. テキストをうまく利用されていた
　　全く当てはまらない　少し当てはまらない　どちらでもない　少し当てはまる　よく当てはまる
　　――――1――――――――2――――――――3――――――――4――――――――5
16. 配布資料は授業の内容に適切だった
　　全く当てはまらない　少し当てはまらない　どちらでもない　少し当てはまる　よく当てはまる
　　――――1――――――――2――――――――3――――――――4――――――――5
17. 黒板はうまく利用されていた
　　全く当てはまらない　少し当てはまらない　どちらでもない　少し当てはまる　よく当てはまる
　　――――1――――――――2――――――――3――――――――4――――――――5
18. 視聴覚教材はうまく利用されていた
　　全く当てはまらない　少し当てはまらない　どちらでもない　少し当てはまる　よく当てはまる
　　――――1――――――――2――――――――3――――――――4――――――――5
19. 黒板の大きさ・配置は適切だった
　　全く当てはまらない　少し当てはまらない　どちらでもない　少し当てはまる　よく当てはまる
　　――――1――――――――2――――――――3――――――――4――――――――5
20. マイクの音量や音質は適切だった
　　全く当てはまらない　少し当てはまらない　どちらでもない　少し当てはまる　よく当てはまる
　　――――1――――――――2――――――――3――――――――4――――――――5

工夫すべきでしょう。

例6は，よい書き方です。データ入力もしやすいですし，後の解釈も数値の高低がそのまま各質問項目に当てはまるか当てはまらないかに対応づいています。

さて，以上，いろいろとどのような質問項目にすべきかを書いてきましたが，本書では，書ききれないところがありますので，質問紙の作成法を解説した本を読んでください。鎌原さんらの「心理学マニュアル質問紙法」（北大路書房）などが参考になります。

この章では，実際に因子分析をやっていくために，35ページのような授業評価に関する質問紙を使っていきます。ただし，紙面の都合上，実際に行なった質問項目をすべて使うことができませんので，その一部だけをここでは紹介しています。実際の質問紙の場合，最初の説明文などがありますが，ここではそれらはすべて省略しています。

■ 回答者の人数は

このような質問紙を使ってデータを集めるわけですが，回答者の人数はどの程度必要なのでしょう。一概には言えませんが，このように20項目ほどある場合，最低でも100人は欲しいところです。目安としては，項目の5～10倍程度と考えてよいでしょう。

■ データ入力

さて，質問項目ができあがって，回答が集まってきたら，因子分析を行ないます。因子分析は統計パッケージを使って行なうことになります。因子分析を行なう統計パッケージはいろいろありますが，ここでは，もっともポピュラーなSPSSとSASを使った場合を説明します。ただし，結果の説明では，SPSSの出力結果を使いますのでご了承ください。章末に，SASの出力例も載せましたので，SASを使う方は，それを参考にしてください。統計パッケージそのもののインストールや基本的な使い方は，ここでは省略させていただきます。

それでは，さっそくデータを入力してみましょう。データは表形式の入力になります。どのように入力していいのかわからない人がいますが，次のように，回答者1人分のデータを1行単位で入力するという形になります。

NO.	性別	学科	質問1	質問2	質問3	質問4	質問5	質問6	…
1	1	42	3	4	4	5	5	5	
2	2	21	4	3	4	4	4	5	
⋮									

ここでは，性別や学科などのいわゆるフェースシート項目も入力します。これらの因子分析の対象とならない項目については，数字でなくてもよいのですが，入力の手間や後での処理を考えると数値に置き換えておいたほうが何かと便利でしょう。たとえば，性別を「男」「女」とか「m」「f」とするよりも「1」「2」と入力するのがよいかと思います。ここで学科も，後で処理しやすいようにコード化しています。

2.1 どのような調査データが因子分析できるのか？

【SPSS の場合】
1．変数ビューで変数の名前，幅（桁数），小数の桁数，ラベルを決めます。
　SPSS の起動画面で，最下段の「変数ビュー」のタグをクリックします。そして，名前などを以下の手順で設定していきます（図2.1.3参照）。
1-1．変数の名前を決める
　質問項目の名称を入れますが，半角8文字以内という制限がありますので，基本的には区別がつくようにしておけばよいでしょう。
1-2．幅（桁数）を決める
　特に決めなければ「8」になります。このままでかまわないでしょう。
1-3．小数桁数を決める
　特に決めなければ「2」になりますが，評定尺度のように整数しか入力しない場合は，小数桁があるとわずらわしいので，「0」とするのがよいでしょう。
1-4．ラベルを入力する
　分析結果の表などに出力されるのは，このラベルになります。そのため，実際の質問項目をここに入れるとよいでしょう。あまり長すぎる場合は，短くしたほうがいいでしょう。
　以上の項目以外のものについては，特に入力しなくても大丈夫です。

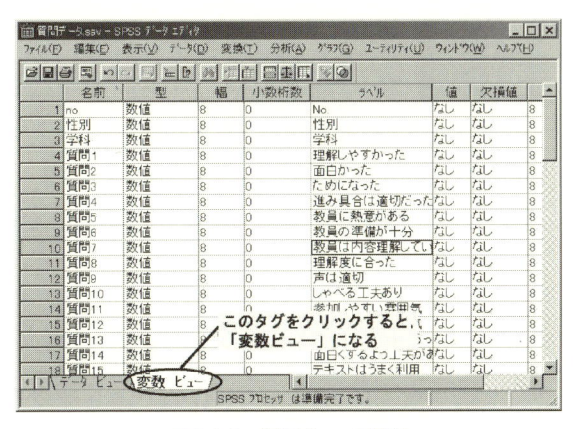

図2.1.3　変数ビューの設定

2．データ入力
　データビューでデータの入力をします。回答のないところは空欄にしておきます（図2.1.4）。
【SAS の場合】
　Excel や1-2-3などの表計算ソフトで入力をして，カンマ区切りのテキスト形式（CSV形式）に保存して使うとよいでしょう（図2.1.5）。次節でプログラム例を紹介します。

2章 因子分析を自分でする

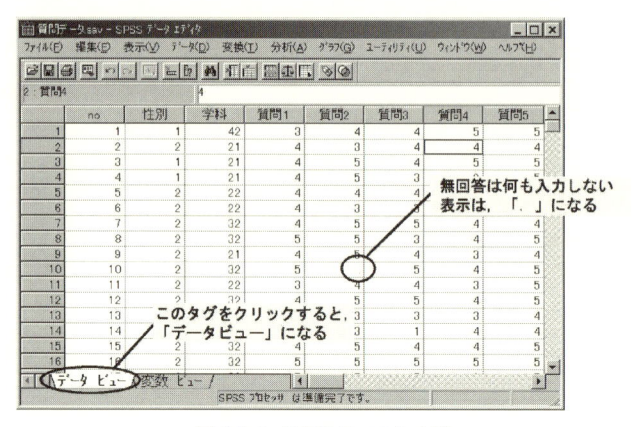

図2.1.4 SPSSでの入力例

```
1,1,42,3,4,4,5,5,5,5,5,4,…
2,2,21,4,3,4,4,4,5,4,4,5,5,…
3,1,21,4,5,4,5,5,5,5,5,5,…
4,1,21,4,5,3,2,5,5,5,2,5,3,…
5,2,22,4,4,4,4,4,4,5,5,5,5,…
6,2,22,4,3,3,3,5,3,5,3,4,3,…
7,2,32,4,5,5,4,4,5,5,3,5,5,…
8,2,32,5,5,3,4,5,5,5,3,4,3,…
9,2,21,4,5,4,3,4,4,4,4,4,…
10,2,32,5,5,4,4,5,5,5,4,5,5,…
```

図2.1.5 SASで利用するデータの例

2.2 因子分析の手順

　データを入力し終わったら，いよいよ因子分析の計算をします。統計パッケージを使うといっても，コンピュータが自動的に計算してくれるわけではありません。いろいろ選択すべきことがあるのです。因子分析は，答えが1つであるといったような分析ではありません。いろいろな答えを出してみないといけない分析です。そのため，どの答えが自分のデータにもっとも合うのかは，コンピュータ任せではなく自分で見つけ出さないといけません。したがって，どのような選択が必要なのかを理解しておく必要があります。そこで，まず，因子分析の計算の流れを説明しておきます。

■ 因子分析の計算の流れ
①初期解の計算
　何度も述べてきましたように，因子分析では，1つの答えが出てくるわけでははなく，

いくつもの答えが出てきます。そこで，まず，最初にとりあえず1つの結果だけを出します。それが**初期解**といわれるものです。初期解という言い方をするので，2番目，3番目というものがあるような印象を受けますが，2番目，3番目というものはありません。初期解を出した後は，次の回転という処理を行ないます。

②因子軸の回転

初期解では，ほとんどの場合，自分に都合のよい計算結果は出してくれません。そこで，自分に都合のよいように，因子軸を回転して，うまく自分のデータをその因子軸で説明できるようにするのです。

基本的には，この2段階が因子分析の計算の流れです。実際の計算は，初期解を出す前に相関係数を算出するなどいろいろな計算をしたりするのですが，ただ因子分析をするだけならば，そのようなことを詳しく知る必要はありません。この2つの段階において，どのようなやり方をするのかの選択を迫られるわけです。この2つの計算は自動的にやってくれるわけではなく，いくつかの選択肢があります。そのやり方を選択しないといけません。

さらに，因子分析の実際の処理全体を考えると次のような作業手順の流れを考えなければなりません。

■ 作業手順の流れ

①変数の選択

実際に統計パッケージ（SPSS や SAS）を使う場合には，まず，どの変数を使って分析をするかの選択が必要です。

②初期解の計算

ここでは，その初期解の計算の仕方（**因子抽出法**）と**因子数**の決定の仕方を選択します。場合によっては，共通性（今は何のことかわからなくてもかまいません）の推定や計算の繰返し数を決めます。

③因子軸の回転

回転の方法を設定します。必要に応じてパラメータや繰返し数を設定します。

④因子の解釈

ここは，人間が行ないます。因子分析の結果を見て，因子がうまく解釈できるかどうかの検討を行ないます。具体的には，因子の名前を決めることができるかどうかということです。ここでうまく行けば，一応の因子分析の処理は終わりです。ところが，実際には，いろいろ試行錯誤をすることになります。②初期解の計算法や③因子軸の回転法をあれこれ選択してみて，自分のデータをもっとも都合よく解釈できる結果を見つけ出します。

⑤因子得点や尺度値の計算

これは，付加的な作業になりますが，因子に含まれる質問項目が決まると，場合によっては，その因子に対する得点あるいは尺度値を計算します。その計算を行なう場合に，統計パッケージを利用したりすることもありますし，自分で計算することもあります。

2章 因子分析を自分でする

```
SPSS設定画面
①変数の選択
```

① 変数の選択

② 初期解の計算

```
②初期解の計算
```

因子抽出法の選択
（共通性の推定）
（繰返し回数の設定）
因子数の決定方式

③ 回転

回転方法の選択
（パラメータ）
（繰返し回数の設定）

```
③回転
```

④ 因子の解釈

⑤ 因子得点
などの計算

自分のデータがうまく解釈できるまでいろいろ試す

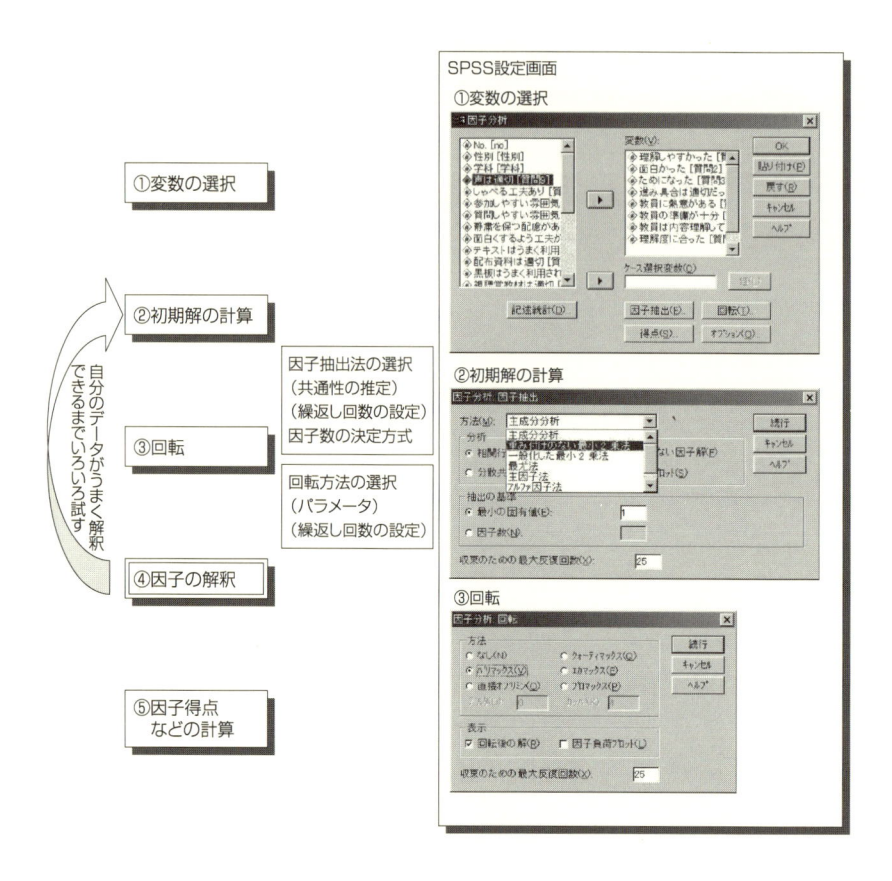

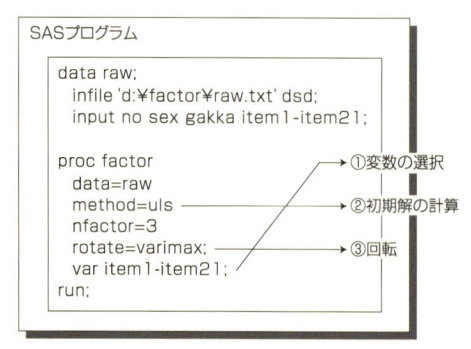

```
SASプログラム

  data raw;
    infile 'd:¥factor¥raw.txt' dsd;
    input no sex gakka item1-item21;

  proc factor
    data=raw              →①変数の選択
    method=uls            →②初期解の計算
    nfactor=3
    rotate=varimax;       →③回転
    var item1-item21;
  run;
```

図2.2.1　作業手順の流れ

図 2.2.1 では，この 5 段階の流れを図に示しました。この中には，これから実際にここで説明をする 2 つの統計パッケージについて，ある程度イメージを作っておいていただきたいので，SPSS での設定画面と SAS のプログラム例を示しました。こんな感じで統計パッケージを使っていくのだと思っておいてください。

②.③ まず，計算（初期解の計算）

それでは，先ほど示した手順にしたがって，実際に因子分析を行なっていきましょう。

■ どの質問項目を分析するか─手順①

まず分析の対象とする項目を選びます。質問紙の項目の中には，性別，年齢などのいわゆるフェイスシート項目も含まれていたり，それ以外のデータも含まれていたりすることもあります。そのため，まず，分析対象の項目を選択する必要があります。

【SPSS の場合】

1．メニューから「因子分析」を選択

　「分析」メニュー

　─「データの分解」メニュー

　　─「因子分析」

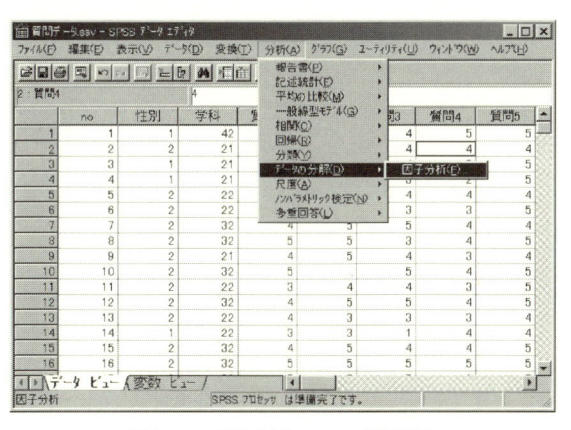

図 2.3.1　因子分析メニュー選択画面

2．変数の選択

ここでいう変数とは観測変数で，質問項目がそれにあたります。20 の質問項目を選びます。変数画面から質問項目を選択し「▶」を押して，変数枠内に入れ込みます。間違って入れたものを戻すには，戻したい項目をクリックし，「◀」を押すと戻すことができます。

2章 因子分析を自分でする

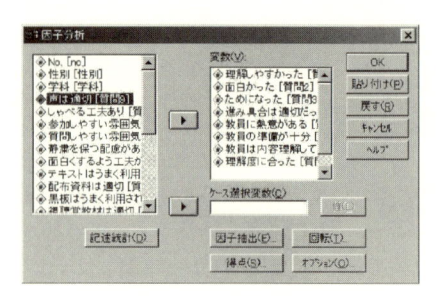

図2.3.2 変数選択画面

【SASの場合】
　作成したデータファイルをSASのプログラムで利用できる形にして，それを分析プログラムに渡すという形をとります。SASのプログラムで利用できる形になったものをSASデータセット（テーブル）と言います。つまり，SASデータセットを作る手順を踏んで，その後に分析プログラムでそのSASデータセットを使って統計処理を行なうということになります。その一連の手順の流れをプログラムに書くことになります。以下にプログラムの例を示します。SASではデータセットの変数をすべて使う場合は，わざわざ指定しなくてもよいのですが，データセットの中に先ほど述べましたようなフェイスシート項目が入っていることが多いので，一般には指定して使うことになると思います。

```
data raw;
  infile 'd:\factor\raw.txt' dsd;
  input no sex gakka item1-item20;
proc factor
  data=raw
  method=uls
  nfactor=3
  rotate=varimax;
  var item1-item20;
run;
```

SASデータセットを作るプログラム部分：rawという名称のSASデータセットを作る／カンマ区切りのファイル「d:\factor\raw.txt」に入っていることを示す。／データが，番号，性別，学科，質問1～質問20となっていることを示す。変数名は自分でつける。

因子分析のプログラム部分：SASデータセット「raw」を使い，そのうち，item1～item20までの変数を利用する。

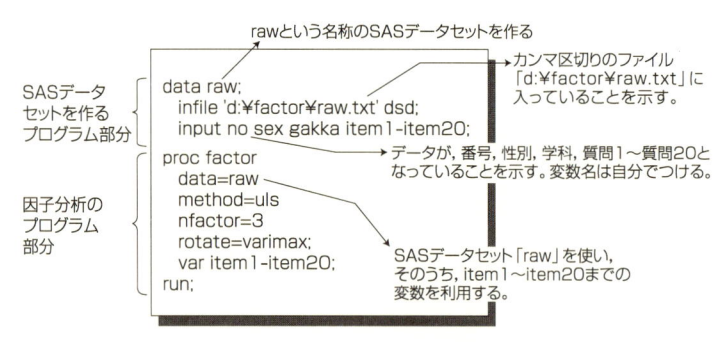

図2.3.3　SASのプログラム例

■ 初期解の計算方法（因子抽出法）を指定する―手順②
　初期解を出すための因子抽出法には，いくつかあります。それを選択しなければなりません。主要な因子抽出法を表2.3.1に示しました。SPSSとSASで利用できるものです。SASについては，プログラム中に書く名称を示しました。
　基本的には，自分のデータにあった手法を選ぶことになるのですが，自分のデータがどの方法にあっているのか判断するのが難しいのです。最近では，最尤法を使うのがベストだとも言われています。最尤法は，因子分析のモデルの適合度の検定をしてくれるからで

表2.3.1 主要な因子抽出法

抽出法	SPSS	SAS	特徴
（主成分分析）	○	PRIN	因子抽出法のオプションとして準備してあるが，因子分析をするときには使わないこと
主因子法	○	PRINIT	第1因子から順に因子寄与が最大となるように因子を抽出
重み付けのない最小二乗法	○	ULS	元のデータと因子分析のモデルから算出される共分散行列の間の差を最小にするように行なう
重み付き最小二乗法 （一般化された最小二乗法）	○		上記の最小二乗法を重み付けをし，尺度の単位に影響されないように行なう。適合度の検定が可能
最尤法	○	ML	因子分析に関わるパラメータから尤度といわれる指標を算出し，これを最大にするように行なう。適合度の検定が可能

す。ただし，データの数が少ない場合など，最尤法ではうまくいかないこともあります（うまくいかないとはどのようなことかは後で説明します）。そこで，最小二乗法や主因子法を使う場合のほうがいいこともあります。表にあげたもの以外にもいろいろな手法が用意されていますが，細かい話をすると難しくなりますので，ここでは省略させていただきます。ここでは，因子抽出法として（重み付けのない）最小二乗法を選択してみましょう。

【SPSSの場合】

1. 因子抽出ボタンを押す

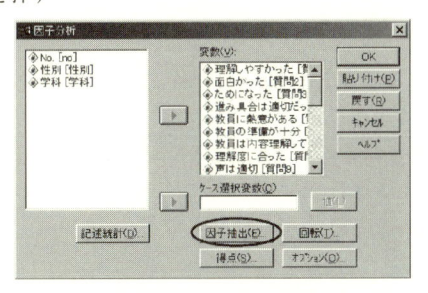

図2.3.4 因子抽出の選択

2. 抽出法の中から「重み付けのない最小二乗法」を選択

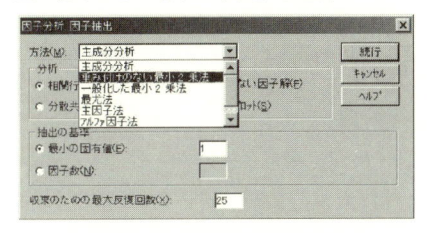

図2.3.5 最尤法の選択画面

【SAS の場合】

オプションの method で指定します。因子抽出法の名称は表 2.3.1 に示しています。

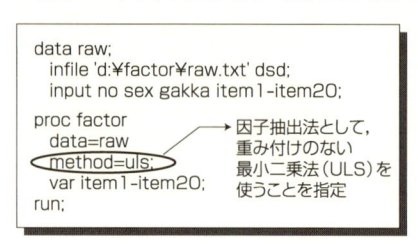

```
data raw;
  infile 'd:¥factor¥raw.txt' dsd;
  input no sex gakka item1-item20;
proc factor
  data=raw
  method=uls;    → 因子抽出法として，
  var item1-item20;    重み付けのない
run;                    最小二乗法（ULS）を
                        使うことを指定
```

図 2.3.6　SAS プログラムでの因子抽出法の指定

　因子分析はこの初期解の計算で終わりではありませんので，次のステップ（回転）に行ってからどうなったかが問題となります。したがって，ここでどんな結果になったのかは，あまり深く考えることはないのです。やってみて，うまくいったら，それを採用し，うまくないと思ったら，別のやり方を選択すればよいのです。昔だったら，手計算でやるとか，自分でプログラムを組むとかしないといけませんでしたから，やる前に決めないと面倒なことになっていました。ところが，今は，統計パッケージを使うだけですので，メニューから選択するとか，オプションで文字を指定するだけですから，ある手法でやってうまくいかなかったと思ったら，別のやり方をやればいいだけのことです。

■ とりあえず，計算を

　とりあえず因子抽出法を指定したところまでで，SPSS で実行してみました。実際に因

表 2.3.2　共通性の出力（初期解での SPSS の出力）

共通性

	初期	因子抽出後
理解しやすかった	.516	.581
面白かった	.530	.625
ためになった	.462	.499
進み具合は適切だった	.388	.414
教員に熱意がある	.389	.439
教員の準備が十分	.373	.374
教員は内容理解していた	.463	.495
理解度に合った	.443	.482
声は適切	.452	.546
しゃべる工夫あり	.576	.704
参加しやすい雰囲気	.424	.379
質問しやすい雰囲気	.419	.583
静粛を保つ配慮があった	.259	.253
面白くするよう工夫があった	.439	.446
テキストはうまく利用	.344	.309
配布資料は適切	.463	.495
黒板はうまく利用されていた	.287	.360
視聴覚教材は適切	.364	.351
黒板は適切	.287	.353
マイクは適切	.476	.602

因子抽出法: 重みなし最小二乗法

2.3 まず，計算（初期解の計算）

子分析を行なうときは，回転を指定して行なうのですが，ここでは，説明のため，回転を指定しないでどのような結果が出るのかを示しました（表2.3.2〜2.3.4）。

表2.3.3 説明された分散の合計（初期解でのSPSSの出力）

説明された分散の合計

因子	初期の固有値			抽出後の負荷量平方和		
	合計	分散の %	累積 %	合計	分散の %	累積 %
1	6.786	33.932	33.932	6.274	31.372	31.372
2	1.587	7.937	41.869	1.095	5.476	36.849
3	1.340	6.702	48.570	.802	4.012	40.861
4	1.153	5.767	54.338	.597	2.987	43.847
5	1.014	5.071	59.408	.521	2.607	46.455
6	.922	4.608	64.016			
7	.802	4.010	68.026			
8	.798	3.991	72.017			
9	.714	3.571	75.588			
10	.603	3.017	78.604			
11	.570	2.848	81.453			
12	.536	2.680	84.133			
13	.533	2.664	86.797			
14	.491	2.454	89.251			
15	.469	2.345	91.596			
16	.406	2.030	93.625			
17	.384	1.918	95.544			
18	.344	1.722	97.266			
19	.296	1.478	98.743			
20	.251	1.257	100.000			

因子抽出法: 重みなし最小二乗法

表2.3.4 因子行列（初期解でのSPSSの出力）

因子行列 [a]

	因子				
	1	2	3	4	5
理解しやすかった	.688	9.796E-02	-.109	-.211	.202
面白かった	.653	.181	-.319	-.191	.171
ためになった	.605	.238	-.112	-.197	.155
進み具合は適切だった	.620	.122	-6.42E-02	-9.99E-02	-1.65E-02
教員に熱意がある	.595	-.125	-.154	.165	-.135
教員の準備が十分	.531	-.175	-8.54E-02	.220	-7.90E-02
教員は内容理解していた	.581	-.321	-.116	.196	-5.45E-02
理解度に合った	.594	.271	.140	-7.98E-02	-.173
声は適切	.496	-.386	.303	-.201	-.135
しゃべる工夫あり	.726	-7.27E-02	.159	-.240	-.299
参加しやすい雰囲気	.592	3.666E-02	-9.57E-02	5.043E-02	-.123
質問しやすい雰囲気	.481	.181	.212	.192	-.180
静粛を保つ配慮があった	.344	9.514E-03	-.211	.295	-6.05E-02
面白くするよう工夫があった	.631	3.826E-02	-.137	-5.75E-02	-.156
テキストはうまく利用	.524	6.716E-02	.117	2.965E-02	.122
配布資料は適切	.631	-.156	-9.62E-02	.125	.219
黒板はうまく利用されていた	.377	.220	.274	.287	.107
視聴覚教材は適切	.522	-.188	-4.65E-02	.106	.175
黒板は適切	.283	.208	.410	8.342E-02	.233
マイクは適切	.510	-.456	.324	-5.04E-02	.165

因子抽出法: 重みなし最小二乗法
a. 5個の因子が抽出されました。6回の反復が必要です。

さて，この結果を見たところで，うまくいったかどうかは，どうやってわかるのでしょうか。はじめての人には，数値の表ばかり並んで面食らうでしょう。特に，数値の中に「9.796E-02」といった表記にとまどう人も多いでしょう。これは，「9.796×10^{-2}」の意味で，「0.09796」になります。このような表記は指数表記といいます（表記の変え方は113ページのコラム参照）。もう1つ戸惑うのは，この結果では，「共通性」，「固有値」，「負荷量」などといった専門的な用語が出てくることです。ここでは，とりあえずこんなものが出てくると思っておけばよいのです。現段階では読み飛ばしてもかまいません。

結果として重要なのは，因子負荷です。因子分析の計算結果というのは，因子負荷の表となって出てきます。SPSSの出力では，「因子行列」と書いてある表2.3.4が，因子負荷の表を示しています。ここでは因子が5つ抽出できたことが示されています。この因子負荷を見ただけでは何もわからないのです。うまくいっているのかそうでないのかわかりません。そのため，じつは，統計パッケージによっては，このときの初期解（つまり因子負荷の表）を出力しないというオプションがあるくらいです。表示しないオプションがあるというのは，言いかえればわからなくてもよいということです。

それでは，何を基準としてうまくいったと判断すればいいのでしょうか。次の2つを考えればよいでしょう。1つは，計算自体がうまくいったかどうかです。もう1つは，因子がいくつ出てきたかどうかです。

・計算自体がうまくいったのか？
・因子数はいくつ出たのか？

計算がうまくいかないとは？

もう一度，表2.3.2～2.3.4を見てください。3つの表が出ています。「共通性」，「説明された分散の合計」，「因子行列」という3つです。計算がうまくいかない場合というのを，この3つの表で見ていきたいと思います。ただし，話の都合上，「共通性」，「因子行列」，「説明された分散の合計」の順に説明します。

まず，「共通性」に関してです。下の表2.3.5を見てください。これも共通性の出力例

表2.3.5 共通性の推定の段階で警告が出た場合（SPSSでの出力）

共通性[a]

	初期	因子抽出後
理解しやすかった	.461	.549
面白かった	.472	.568
ためになった	.415	.542
進み具合は適切だった	.336	.394
教員に熱意がある	.353	.454
教員の準備が十分	.282	.372
教員は内容理解していた	.372	.588
理解度に合った	.249	.282
学科	5.424E-02	.999

因子抽出法: 重みなし最小二乗法
a. 反復中に1または複数の1よりも大きい共通性推定値がありました。得られる解の解釈は慎重に行ってください。

2.3 まず，計算（初期解の計算）

です。この場合，表の下に「1よりも大きい共通性推定値がありました」という警告が出ています。このような警告が出たときには，うまくいかなかったと判断すればいいのです。これはどこがいけないかというと，共通性というのは実は1を越えないものなのですが，それが1を越えてしまったということなのです。そう言われても何のことだかわからないと思いますが，共通性についてはいずれ話をしますので，ここでは，そういうことになっている程度でいいと思います。

それでは，どうしたらいいかということになります。後から出てくるケースもそうですが，次のようなケースが考えられます。

- データの数が少ない
- データの入力がおかしい
- 因子抽出法があっていない

もっとも考えられるのは，データの数が少ないケースです。この場合は，もっと多くデータをとる必要があるでしょう。次に考えられるのは，おかしなデータを入力してしまったというケースです。実は，表2.3.5の例に出したものは，わざと警告が出るようにしたのですが，いちばん最後に「学科」という項目を入れました。これは学科コードをデータとして入れていますので，評定値（1～5）とはまったく違う値になっています。そのために，こんな結果になったのです。データ入力時に思わぬ値が入ってしまっていたり，データがズレていたりしたら，このようなことになる可能性があります。

最後に考えられるのは，抽出法の問題です。これは，こまかい話をするとわからなくなってしまいますから，あまり説明しませんが，単純にデータと相性が悪い抽出法を選んでしまったと考えればよいのです。そこで，抽出法を変えてみるとよいのです。別の抽出法でやってみると，このような警告メッセージが出ないことがあります。

次は，「因子行列」のところを見てみます。うまくいかなかったケースを表2.3.6に示しました。因子行列（因子負荷の表）を出力して，一見うまくいっているように見えますが，下のコメントを見ると，うまくいってないことがわかります。「25回以上の反復が必要です」というメッセージです。因子の抽出を試みたけど，25回で計算を打ち切って，とりあえずの結果を出しているのです。なぜ，このようなことが起こるのでしょうか。

実は，初期解を出すのには，コンピュータは，何度も何度も計算をするのです。同じような計算を繰返し行なうのです。計算を繰り返していって，ある基準に達したところでおしまいとなり，そこで出てきた結果が初期解になるのです。ところが，不幸にして，何度繰返しをしても，うまいぐあいに基準に達しないこともあるのです。人間だったら適当なところで計算をやめますが，コンピュータはいつまでも永遠に計算を続けます。そうなってしまうと，困りますから，実は，コンピュータは，繰返し計算の回数の最大値をあらかじめ定めています。この例の場合は，「25」に定めてあり，そこで終わっています。繰返しの最大値に達したため途中で計算をやめてしまうのです。その計算をやめた段階での結果を表示しています。そのため，満足のいく結果ではありません。このようなときは，う

表2.3.6 繰り返し回数が足りなくて，うまく出なかった場合の結果（SPSSでの出力）

因子行列[a]

	因子					
	1	2	3	4	5	6
理解しやすかった	.706	-.268	-.069	-.243	.320	-.331
面白かった	.650	-.515	-.037	-.073	.066	.149
ためになった	.738	-.147	.091	-.189	.080	-.071
進み具合は適切だった	.567	-.150	-.097	-.352	-.064	.216
教員に熱意がある	.594	.596	.120	-.229	.035	.269
教員の準備が十分	.757	.397	-.236	.167	-.114	.052
教員は内容理解していた	.477	.522	-.374	-.091	.241	.113
理解度に合った	.683	-.275	-.022	.104	-.161	.020
声は適切	.468	.300	.497	-.099	-.203	-.112
しゃべる工夫あり	.720	.163	.159	-.254	-.502	-.018
参加しやすい雰囲気	.694	-.302	-.090	-.181	.009	-.306
質問しやすい雰囲気	.700	-.435	.140	.258	-.027	.225
静粛を保つ配慮があった	.422	-.109	-.126	.063	.087	.310
面白くするよう工夫があった	.663	.195	-.156	-.058	-.103	-.115
テキストはうまく利用	.596	-.108	-.063	.375	-.163	.142
配布資料は適切	.544	.023	-.276	.115	.370	.039
黒板はうまく利用されていた	.208	.105	.631	.253	.374	.190
視聴覚教材は適切	.526	.127	-.080	.724	-.128	-.272
黒板は適切	.294	-.217	.439	-.049	.083	-.035
マイクは適切	.493	.409	.211	.044	.266	-.255

因子抽出法: 重みなし最小二乗法
 a. 6個の因子の抽出が試みられました。25回以上の反復が必要です。
  (収束基準 =2.139E-03)。抽出が終了しました。

まくいかなかったと判断しないといけません。因子負荷の表が出てきたからそれで満足してはいけません。

　ところが，ここで，最大値の「25」という数字が問題であることもあります。30回だったら基準に達していたのかもしれないのです。計算の手法は間違っていないのだけれども，ちょっと繰返しの最大値が小さすぎたということもあります。そこで，この最大値は利用者が設定できるようになっているのです。

■ 繰り返し回数（収束反復回数）の設定

　繰返し最大値とか，収束の反復数とかいろいろな言い方をします。収束という言葉を使うのは，計算を繰返しやっていると，だいたいある値におちついてくるからです。それで，ある値に収束していってもう変わりようがないなと判断されたところで，ヤメとしているのです。

　そこで，繰返し計算の回数の最大値を大きくしてやらないといけなくなることがあるわけです。それでは，どの程度にしてやればよいかということですが，基本的にはいくつでも大きくしてやればよいのです。考えなくてはならないのは，計算時間だけです。コンピュータが計算している間，待つことになるわけですが，どの程度待つことができるかということです。たとえば，最大値が「30」で30秒程度計算時間がかかって，「計算できませんでした」と出てきたとします。単純に30で30秒ですから，これを「180」にしたら，最大で180秒，3分かかるわけです。この時間を耐えられるかどうかというそれだけです。

2.3 まず，計算（初期解の計算）

ただ，いつも，3分かかるわけではありません。180回の途中で基準に達したら，そこで終わりですから，100回程度で終わって，2分程度の場合もあるでしょう。

どんなに値を大きくしても，計算に時間ばかりかかり，容認時間を超えてしまったら，そこで選択した手法がうまくなかったと判断すればいいわけです。

【SPSSの場合】
因子抽出画面で繰り返し数を直接入力する

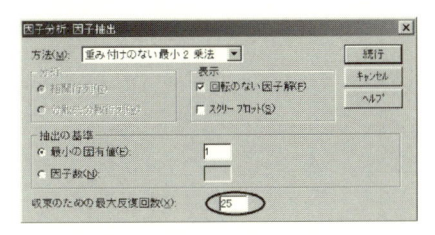

図2.3.7 収束のための最大反復回数を入力する画面

【SASプログラムの場合】
maxiterオプションで数を指定します。

```
data raw;
  infile 'd:\factor\raw.txt' dsd;
  input no sex gakka item1-item20;
proc factor
  data=raw
  method=uls
  maxiter=40;
  var item1-item20;
run;
```

繰り返し回数として，40回を指定

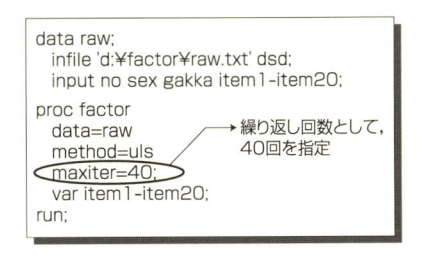

図2.3.8 SASプログラムでの繰り返し回数の指定

ただし，注意しなければならないのは，最大値を大きくしていけばどこかで必ずうまい結果が出るとは限らないということです。いつまでやってもだめな場合もあります。そのような場合は，因子抽出法を考え直すか，他の問題を考えなければなりません。たとえば，図2.3.9のように，計算結果すら出してくれない場合があります。この例は，わざとデータ数を少なくして行なった例ですが，このように全く計算結果を出してくれない場合は，因子抽出法を考え直すか，場合によっては，この例のように，質問項目の数よりもデータ数が少ないということもあります（データがうまく入力できていないとか）。

因子行列[a]

a.7個の因子の抽出が試みられました。反復25で局所的な最小値が見つかりませんでした。抽出が終了しました。

図2.3.9 計算結果すらでない場合

最後に，「説明された分散の合計」のところが残っていますが，これは，次の因子数の

ところで話をします。

■ 因子の数を決定しよう

初期解が出てきたときに、うまくいったかどうかのもう1つの目安は、因子数の問題です。初期解が出てきたときには、同時に因子の数も出てきます。出力例の表2.3.4を見てください。この例では、因子負荷のところに因子が5つ書かれていました。この因子数が極端に多かったり、少なかったりした場合は、考えなければなりません。たとえば、極端な場合、因子数が1つといった場合もあります。因子分析をやるときに、一般に因子数が1つであると想定することはあまりありませんから、このような場合は考え直さないといけません。逆に、因子の数がたくさん出る場合もあります。因子の数が多いのは基本的にはそれほど問題ではないのですが、因子が出れば、出た分だけ、その因子に名称をつけて、どのような意味があるのかを考えないといけません。それに、因子数が多くなったときに、その因子に関連している項目が1つくらいしかないという場合も出てきます。因子分析をやるのは、複数の項目に関連しあっている潜在的な因子を見つけるのが目的ですから、因子に関連しているのが1項目とかになってしまうと、因子分析をしている意味がありませんから、この場合も考え直さないといけません。いくつくらいが適当なのかは、難しいところですが、最終的には、後で行なう回転をやってから、もう一度見直さないといけないと思います。

それでは、抽出された因子数を見直したいと思ったときに、どうすればよいのでしょうか。因子数は、ある基準に従って決められています。そのため、その基準の設定を変えないといけないのです。その基準はおおざっぱに言うと、2つしかありません。1つは、固有値といわれる値を基準にすることです。計算の過程での数学的な基準を拠り所にするというやり方です。もう1つは、こっちの都合で決めるというやり方です。

■ 固有値で決める

ちょっと、難しい言葉がでてきましたが、因子分析では、最初に**固有値**というものを計算していきます。固有値とは何かを説明すると、数学的な話をしないといけないので、ここでは省略します（というより、筆者がよくわかっていないというのが正直なところです）。固有値は、質問項目の数と同じ数だけ計算されます。質問項目の数というのは、考えられる因子数の最大の数です。1因子が1項目に対応するということも形式的には考えられます（もちろん、実際には意味がありません）。そうすると、因子数の最大は、質問項目と同じ数になります。それで、とりあえず、固有値は、質問項目と同じ数だけの因子があるものとして、計算するわけです。第1因子の固有値、第2因子の固有値、第3因子の固有値…といった具合です。表2.3.3を見てください。「説明された分散の合計」の表の中に「初期の固有値」というのがあり、その「合計」の欄がいわゆる固有値です。その数を見ると、質問項目と同じ数（ここでは20）だけ書かれているのがわかると思います。固有値が何を意味するかというと、これも、統計の専門家には叱られるとは思いますが、因子のなりやすさだと考えてください。第1因子の固有値がもっとも大きく、その次が第

2因子の固有値，以下，だんだん固有値は小さくなっていきます。6.786，1.587，1.340，1.153，1.014，.922となっています。

因子の数を決定するには，この固有値がどこまでの値のところまでを因子として許すかということになります。つまり，どこで区切るかです。その区切り方には2通りあります。1つのやり方は，その最小値を決めるというやり方です。この値を変えてやれば，因子の数は増減します。この例では，何も設定しない場合，因子数の基準となる固有値の最小値は，「1」に指定してあります（カイザーガットマン基準）。出力例（表2.3.3）の固有値を見てください。上から順番に見ていくと，5番目までが1を越えています。したがって，この出力例では，因子の数が5に決められたわけです。表2.3.4の因子行列（因子負荷の表）は5因子出ていました。SPSSの場合，図2.3.10のようにして確認できます。

【SPSSの場合】
因子抽出画面で，「最小の固有値」をチェックすれば，変更可能。

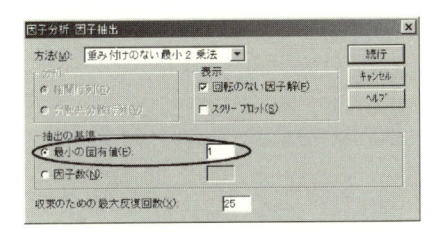

図2.3.10　最小の固有値の設定画面

ここで，因子数を増やしたいとか減らしたいとかいった場合，この最小固有値の設定値を変えればよいということになります。ただし，どのような値にすべきかは難しく，仮にある値を指定しても，その根拠が問われると，その答えは難しくなります。そのため，一般にはこの値は変えないほうがいいでしょう。とりあえず最初に因子分析をやってみるときの基準として使われる程度に思っていたほうがいいと思います。もし，最小固有値「1」の基準で出てきた因子数で問題なければ，そのまま，この基準を採用すればいいわけです。もし，このときの因子数が問題となれば，この後に述べていく方法を使って，因子の数を決めるのがよいでしょう。

なお，SASの場合も，デフォルトでは固有値を基準にして決めていますが，固有値の算出法や基準の決め方が因子抽出法によって異なります。話をするとややこしくなりますので，SASの場合も，最小固有値で設定をすることは考えずに，とりあえず最初にやってくれるやり方だと考えておくのが無難だと思います。

■ スクリープロット基準

2番目のやり方は，固有値の最小値で区切るのではなく，落差が大きいところで決めようというやり方です。さきほど述べましたように，固有値は，第1因子で最も大きく，以下だんだん小さくなっていきます。ただ，小さくなり方は，最初は急に小さくなるのです

が，後のほうになると，その変化は小さくなっていきます。グラフに描くと，最初は急降下して，後はなだらかになっていきます。そこで，なだらかになってしまったら，もう，そのあたりは因子として認めないと決めるのです。それでは，その落差をどの程度にするかという選択をしないといけないということになります。

この基準は，一般には，固有値をグラフに描いて，それを見て人間が判断するという方式をとります。そのため，統計パッケージなどを利用する場合に，このグラフを描くように指定をして，後は，人間が目で見て判断ということになります。このようなグラフのことを**スクリープロット**と言います。したがって，統計パッケージで利用するときには，スクリープロットを描かせるというオプションを指定するだけになります。そして，それでいったん計算をさせ，スクリープロットを見て，人間が因子をどこまでとるかを決め，次に述べるやり方で因子の数を強制的に決め，もう一度計算させるというやり方をとります。2段構えになるわけです。それでは，統計パッケージでスクリープロットを表示させてみましょう。

【SPSSの場合】
因子抽出画面で，「スクリープロット」にチェックを入れる

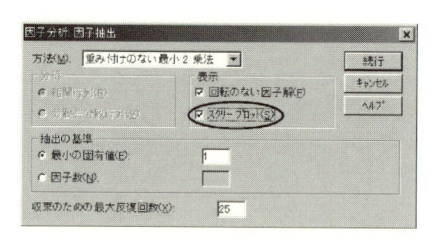

図2.3.11　スクリープロット表示のオプションの指定

【SASの場合】
オプションで指定する。

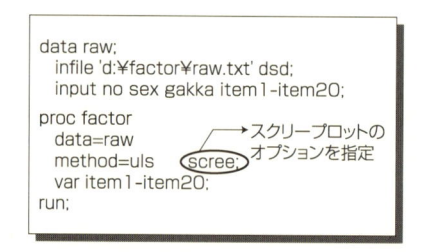

```
data raw;
  infile 'd:¥factor¥raw.txt' dsd;
  input no sex gakka item1-item20;
proc factor
  data=raw
  method=uls scree
  var item1-item20;
run;
```
→スクリープロットのオプションを指定

図2.3.12　SASプログラムでのスクリープロットの表示オプション

図2.3.13に，スクリープロットの例を示しました。図の横軸が因子の数を示しています。縦軸が固有値です。この図では，固有値は，第1因子から順番に3.5，2.5，1.7，1.2，1.0…となっていっています。4番目の固有値までは，かなり差が大きいのですが，5番

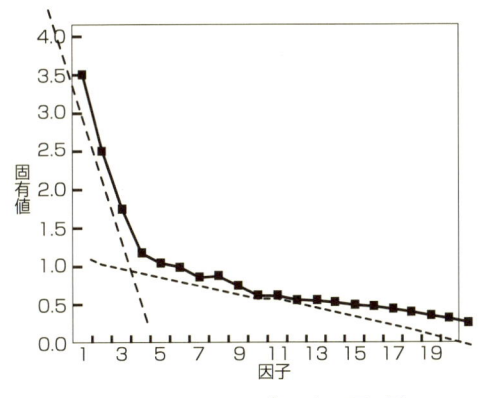

図 2.3.13 スクリープロットの図の例

目からは差は小さくなり，グラフはなだらかになっています。わかりやすいように，破線を描いてみましたが，明らかに4番目までとそれ以降では変化のしかたが違うことがわかります。このとき，グラフが急な勾配になっているところまでの因子をとるというのがスクリープロットの基準です。この例ですと，3番目までの基準ということになります。こうやって，目で判断したら，その後，この後に示す因子の数の指定のしかたによって，因子の数を「3」に指定します。

1章で紹介したセクシュアル・ハラスメント尺度の因子分析の例の場合の記述を思い出してください。

> 20項目について主因子解に基づく因子分析が行なわれた。分析の結果，初期解における固有値の減衰状況（第1因子から第4因子まで，8.42, 2.62, 1.17, 1.02）から判断して，2因子が採択された。

とありました。「固有値の減衰状況」といった書き方をしているのは，スクリープロットを基準にして因子の数を決定したということです。

■ 因子数を強制的に決める

今，述べましたように，スクリープロットを見て，自分で因子数を決めた場合，因子数を強制的に決めることになります。また，因子数を強制的に決めるのは，スクリープロットの場合だけではありません。自分で最初から，因子数をいくつにしたいと思うこともあります。そして，もっとも重要なことは，「**解釈の可能性**」です。どれが因子分析の答えであるかは，自分のデータをいかにうまく解釈できるのかどうかが決め手になります。したがって，ある数学的な基準で決めることもおろそかにはできませんが，自分のデータをいかに解釈できる答えになっているかがもっとも大切です。そのため，解釈が可能かどうかの基準で決める必要があります。因子数の決め方の2番目として「こっちの都合」といったいい加減な言い方をしましたが，それは「解釈の可能性」のことで，主観的ではありますが，因子分析では重要な基準なのです。

ただし，解釈の可能性の問題になると，この段階（初期解の計算段階）では決められません。次の回転の段階になって，出てきた因子の解釈が可能かどうかの判断ができるので

す。一応，この段階の結果を見てみましょう。表2.3.4の因子行列と書いてあるのが因子の負荷の表ですが，第1因子には大きな値がたくさん出ていますが，それ以降の因子ではそうではありません。どの項目がどの因子に関連しているのかもよくわかりません。したがって，因子の数を最終的に決めるのは，次の回転の計算を行なわせてからになります。そして，そこでの解釈の可能性を考えて，もう一度，この因子抽出時の因子の数を考えることになります。一応，手順として，どのようにして因子の数を決めればよいかだけはここで説明しておきます。

【SPSSの場合】
因子抽出の画面で「因子の数」をチェックして，実際の因子の数を入力する。

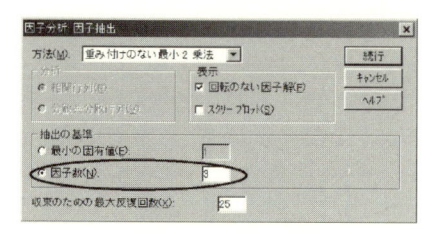

図2.3.14　因子数の設定

【SASの場合】
オプションのnfactorsで因子の数を指定する。

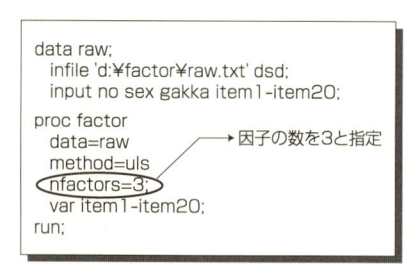

```
data raw;
  infile 'd:\factor\raw.txt' dsd;
  input no sex gakka item1-item20;
proc factor
  data=raw
  method=uls
  nfactors=3;      →因子の数を3と指定
  var item1-item20;
run;
```

図2.3.15　SASプログラムでの因子数の設定

とりあえず手順だけを説明しましたが，このように，因子分析は試行錯誤的なところがあります。そのため，探索的因子分析という言い方をすることがあります。これは，因子を探索的に定めていくということからこのような言い方をします。それでは，探索的ではない因子分析があるのかということになります。探索的でない因子分析を**確認的因子分析**（あるいは**検証的因子分析**）といいます。一般に因子分析と言うときは，**探索的因子分析**をさします。探索的因子分析は，どんな潜在的因子があるかを調べたいために行なう場合で，ここでずっと説明しているのは，この探索的因子分析になります。一方，確認的因子分析と言われるものは，文字通り確認のため行なうもので，あらかじめ因子がわかってい

て行なうものです。ある事柄に関して，すでにいくつかの潜在的因子が存在していることがわかっており，得られたデータがほんとうにそうなっているのかを調べるために行ないます。場合によっては，あらかじめわかっていると思われている因子が間違っているのではないかということを調べるために行なったりします。

さて，ちょっと話が横にそれてしまいましたが，ここまで説明してきましたように，まず，初期解を出すのに，このようないくつかの設定を自分でしないといけないのです。おおざっぱな言い方をすると，初期解を出すというところの作業は因子の数を決める作業だと考えてもよいと思います。そして，次の回転をさせるというのは，因子の質を決める作業だと考えるとわかりやすいと思います。

②.④ 解釈に合わせる（因子軸の回転）

■ 初期解では解釈のしようがない

初期解は，あくまでも，とりあえずの解であって，これで因子分析は終わりではありません。無数もある解のうちの1つが出てきただけです。この後は，データをもっともうまく解釈できる解を探す必要があります。そこで，行なうのが因子軸の**回転**です。

回転とはどのようなことを行なうのかは，例を見ながら説明しましょう。ここでは，わかりやすくするために，先ほど例に示した授業評価のデータのうち項目を絞って，しかも因子の数を2つにして因子分析をやってみました。そのときの初期解をまず見てみましょう（表2.4.1）。

表2.4.1 初期解の因子負荷の結果（SPSSでの出力）

因子行列[a]

	因子	
	1	2
理解しやすかった	.706	-.216
面白かった	.713	-.332
ためになった	.624	-.338
教員に熱意がある	.636	.261
教員の準備が十分	.536	.295
教員は内容理解していた	.615	.406
しゃべる工夫あり	.677	.066
面白くするよう工夫があった	.635	-.028

因子抽出法: 重みなし最小二乗法
a. 2個の因子が抽出されました。4回の反復が必要です。

この段階で運よく各因子がどのような因子であるのか，うまく解釈が可能ならば，回転をする必要はありません。ところが，これらの値を見ても，各因子がどのような特徴をもっているかは，なかなか見つけることができません。この表を見ると，どの項目も第1因子の負荷量が高くなっていて，どうしようもありません。一般に初期解では，第1因子の因子寄与だけが高くなるように解を求められることが多いため，第1因子はどの項目とも

関連をもっており,その後の第2因子以降は,あまり項目との関連が見られないという結果になります。

■ 初期解のプロット図を回転させてみる

わかりやすくするために,これらをグラフにしてみましょう。第1因子と第2因子の因子負荷をグラフにしてみました。図2.4.1では,横軸(x軸)に第1因子を,縦軸(y軸)に第2因子をとり,各質問項目の第1因子負荷をx,第2因子負荷をyとし,プロットしてみました(統計パッケージで因子負荷のプロットを指定できますので,それを利用してプロットさせてみるといいと思います)。表の数値だけをみると,因子を決めるのは難しそうですが,この図を見てみると,似たような項目がかたまっているのがわかります。上のほうに,「教員は内容を理解していた」,「教員の準備が十分」,「教員に熱意がある」など教員の努力に関する項目がかたまっており,下のほうに「面白かった」や「ためになった」などの内容自体に対する評価のものがあります。

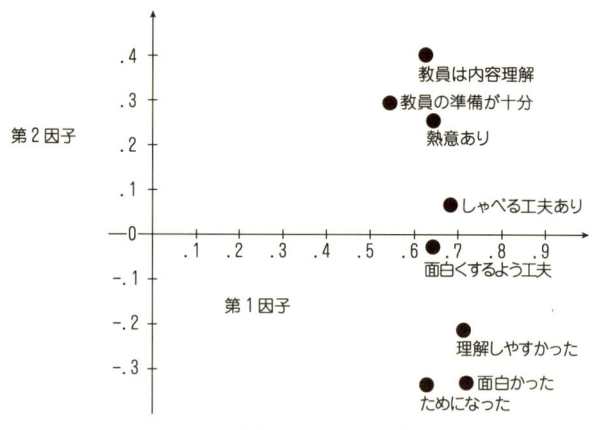

図2.4.1 初期解の因子負荷のプロット

もう一度,因子負荷の値を見てみましょう。そうすると,第2因子の値が,教員の努力に関する項目ではプラスに,内容自体に関するものはマイナスになっているのがわかります。そして,その値の違いが,この図2.4.1に表われているのです。しかし,「教員の努力←→内容自体」といった関係の因子を考えることは難しいのです。うまく解釈するには,教員の努力と授業の内容2つを別々の次元で考えないといけないのです。つまり,2つが別々の軸で解釈できることが必要になります。

そこで,この図をまっすぐにみるのではなく,顔を斜めにして見てみましょう。すると,なんとなくそれっぽく見えてきます。図2.4.2では,斜めに見る目安として,軸を35°回転させて描いてみました。この軸に沿って顔を斜めにして見てください(というより,本をちょっと回転させたほうがいいかもしれません)。そうすると,「教員は内容を理解していた」,「教員の準備が十分」,「教員に熱意がある」は縦軸でみると大きな値になり,横軸

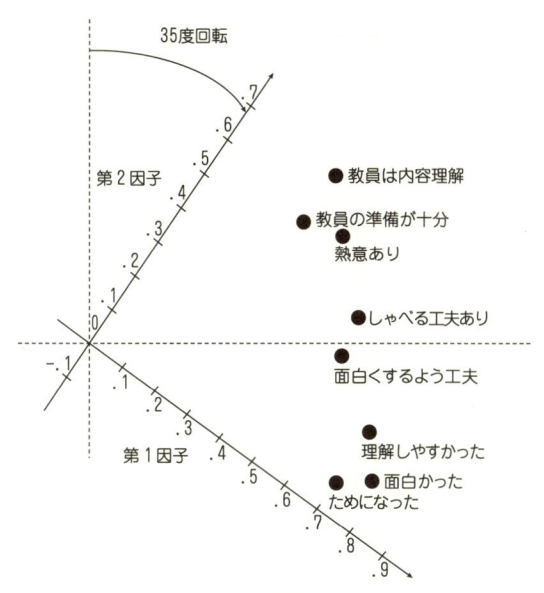

2.4 解釈に合わせる（因子軸の回転）

図2.4.2 軸を35°回転させた場合

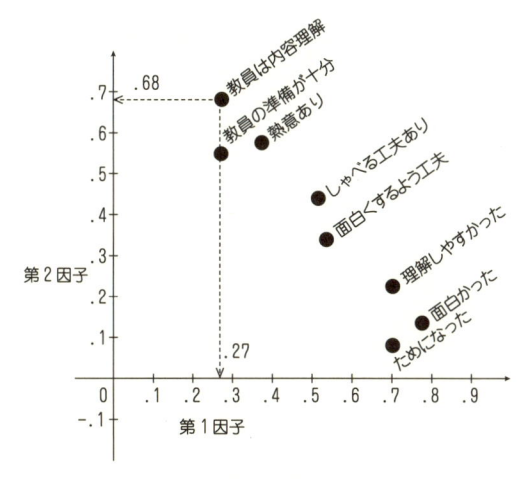

図2.4.3 因子軸を35°回転した場合の因子負荷のプロット

のほうでみると、今度は「面白かった」、「理解しやすかった」、「ためになった」が大きな値に対応しているのがわかってきます。えっ、わからないよと思われた方も多いでしょう。しかし、ここは筆者の顔を立てて先に進んでください。これでは斜めのままで見にくいの

で、2つの軸が水平・垂直になるように描き直しました。それが、図2.4.3です。今度は、そのあたりのことがはっきりしてきました。そのとき、因子負荷はどう変わるかというと、回転した軸をあらためてx軸、y軸と考えて、グラフ上で、プロットした各質問項目の点のx座標とy座標を求めればよいわけです。たとえば、「教員は内容を理解」の項目の場合、その点から、2つの座標に線を下ろして、その座標のところの数値を読み取ればよいわけです。そうすると、この場合、x座標は0.27、y座標は0.68と読み取れます。したがって、第1因子の因子負荷は0.27、第2因子の因子負荷は0.68ということになります。実際にそうやって求めたのが、表2.4.2の値です。こうすると、因子負荷としても、それぞれの因子がどのような因子であるのかが明確になってきます。

第1因子が「内容自体の評価」、第2因子が「教員の努力」といったように因子名を定めることができそうです。

ここで、回転とは何をしたのかを、もう一度確認しておきます。各項目の因子負荷のプロットした図で、因子軸を回転させただけです。ここで大切なことは、プロットの点はいっさい手をつけてないということです。軸だけを変えただけなのです。これは項目間の相互の関係性は何もいじっていないということです。そして、どこからそれを見るのか（どこの方向から見るのか）を勝手に定めただけです。項目間の関係は、初期解を出す以前に決まっていて、回転とは、ただ見る方向を変えているに過ぎないのです。

表2.4.2　35°回転した場合の因子負荷の値

	第1因子	第2因子
理解しやすかった	0.70	0.23
面白かった	0.77	0.14
ためになった	0.71	0.08
教員に熱意がある	0.37	0.58
教員の準備が十分	0.27	0.55
教員は内容理解していた	0.27	0.68
しゃべる工夫あり	0.52	0.44
面白くするよう工夫があった	0.54	0.34

■ 因子軸は勝手に引けばよい

何度も言うようですが、因子分析の答えは1つではありません。たくさんの答えがあって、その因子の軸はどこにでも引くことができます。今、ここで示したように、目でみて、「エイヤッ」と軸を引いてしまえばよいのです。基本的な考え方は、自分の解釈に都合のよい回転を見つけるのですから、何もバリマックス回転とかプロマックス回転とかわけのわからない名前のついたやり方に頼らなくても、グラフに描いて、目で見た判断で因子軸を決めても何ら問題はないのです。従来、数学的な回転基準やプログラムが十分に開発されなかった頃は、**直観法**とか**グラフ法**というようないわれ方をしていました。因子軸の回転は、人間の目で見た判断でもかなり有効なのです。統計分析というと、決められた計算式通りにやらないといけないように思ってしまいがちですが、何もそのようなことはあり

2.4 解釈に合わせる（因子軸の回転）

ません。自分の判断でこのようにしたということに皆が納得してもらえれば，それでいいのです。

ただし，2つの因子だけならば，図に描いて目で見ての判断もできますが，3つ以上の因子になるとそうはいきませんし，さらに軸を引いてから，その因子負荷を計算するのはやっかいです。そのため，ある計算手法にのっとって，コンピュータを使った計算に頼らざるを得ないのです。

■ コンピュータに回転させる（バリマックス回転の例）ー手順③

統計パッケージには，いくつかの回転のやり方が準備されています。出てきた結果が自分の解釈に都合がよいものを選べばよいのです。どのような計算をやっているかは，考える必要はありません。ただ，後で述べますが，ここでも繰り返し計算を行ないますので，初期解のときと同じように，繰返しの最大数を指定しないとうまく計算できない場合もあります。それはさておき，とりあえず実際にやってみましょう。まずは，もっともポピュラーな回転である**バリマックス回転**をやってみましょう。

【SPSS の場合】
回転画面を選択して，「バリマックス」にチェックを入れます。
1．回転ボタンを押す。

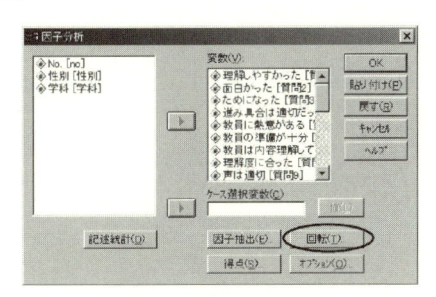

図 2.4.4 回転の設定画面

2．方法の中から「バリマックス」を選択

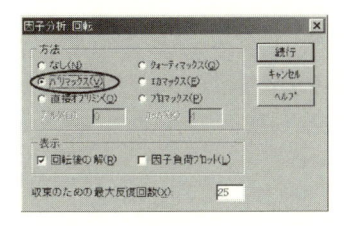

図 2.4.5 因子の回転法の選択画面

【SAS の場合】
オプション rotate に「varimax」を指定する

2章 因子分析を自分でする

```
data raw;
  infile 'd:¥factor¥raw.txt' dsd;
  input no sex gakka item1-item20;
proc factor
  data=raw
  method=uls
  rotate=varimax;    →回転方法として
  var item1-item20;     バリマックス回転を
run;                  指定
```

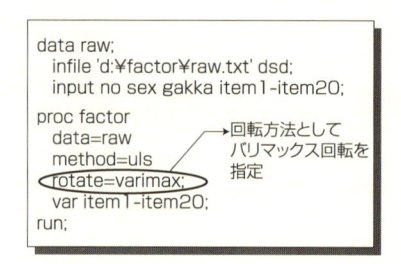

図2.4.6　SASプログラムでのバリマックス回転の指定

　表2.4.3にSPSSの出力として出てくる回転後の因子行列（因子負荷の表）を示しました。これをもとに図2.4.7に第1因子と第2因子のバリマックス回転後の因子負荷のプロットを示しました。初期解では，第1因子にのみ因子負荷が高かったのが，今度は第2因

表2.4.3　バリマックス回転後の因子負荷（SPSSでの出力）

回転後の因子行列[a]

	因子	
	1	2
理解しやすかった	.666	.319
面白かった	.750	.237
ためになった	.688	.173
教員に熱意がある	.292	.622
教員の準備が十分	.195	.580
教員は内容理解していた	.178	.715
しゃべる工夫あり	.454	.507
面白くするよう工夫があった	.487	.409

因子抽出法: 重みなし最小二乗法
回転法: Kaiserの正規化を伴わないバリマックス法
a. 3回の反復で回転が収束しました。

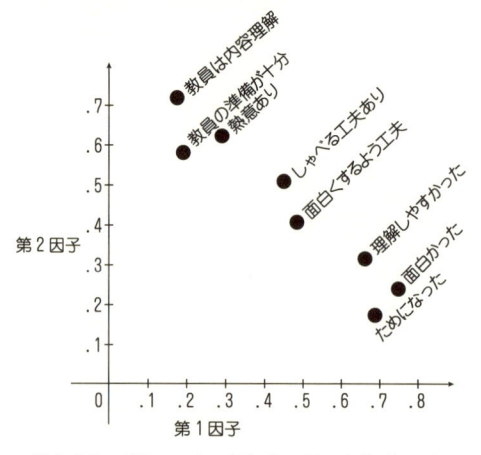

図2.4.7　バリマックス回転後の因子負荷プロット

子にも負荷量が高いものが見えてきます。

　これは，先ほど，目で見て軸を適当に決めたのと，それほど違いがありません。実際に計算をしてみると，このデータの場合，バリマックス回転では，42度程度回転しているようです。バリマックス回転とかいう小難しい名前がついているから，ややこしいことをやっているかのような印象をもちますが，実際にやっていることは，実に単純なことなのです。先ほど目で見て回転させたのと大差ないのです。ただし，前にも述べましたが，2因子程度ならば，簡単に見えますが，3因子以上になると，人間の頭でやろうとするとパンクしてしまいます（もちろん，昔は手計算でやっていましたし，そのプログラムを書いている人がいるわけですから，パンクしないでやることができる人もいます）。そこで，コンピュータに頼らざるをえません。

　バリマックス回転は，因子の構造が単純になるように回転をさせるやり方です。単純になるというのは，いくつかの因子が出てきたときに，項目の負荷量が特定の因子だけに高くなり，他の因子に対しては負荷量が小さくなるようにするという回転です。授業評価の例で，全項目を使って，バリマックス回転をしてみましょう。ここでは，回転をする前の因子負荷の表（表2.4.4）とバリマックス回転後の因子負荷の表（表2.4.5）の2つを示しました。実際には，最初に共通性の表（表2.3.2と同じもの）と説明された分散の合計の表が出力され，最後には因子変換行列が出力されますが，この3つはここでは省略しています。表2.4.4をみると，回転前の負荷量は，ほとんどの項目が第1因子においてのみ

表2.4.4　回転前の因子負荷の表（SPSSでの出力）

因子行列[a]

	因子				
	1	2	3	4	5
理解しやすかった	.688	.098	-.109	-.211	.202
面白かった	.653	.181	-.319	-.191	.171
ためになった	.605	.238	-.112	-.197	.155
進み具合は適切だった	.620	.122	-.064	-.100	-.016
教員に熱意がある	.595	-.125	-.154	.165	-.135
教員の準備が十分	.531	-.175	-.085	.220	-.079
教員は内容理解していた	.581	-.321	-.116	.196	-.055
理解度に合った	.594	.271	.140	-.080	-.173
声は適切	.496	-.386	.303	-.201	-.135
しゃべる工夫あり	.726	-.073	.159	-.240	-.299
参加しやすい雰囲気	.592	.037	-.096	.050	-.123
質問しやすい雰囲気	.481	.488	.212	.192	-.180
静粛を保つ配慮があった	.344	.010	-.211	.295	-.060
面白くするよう工夫があった	.631	.038	-.137	-.057	-.156
テキストはうまく利用	.524	.067	.117	.030	.122
配布資料は適切	.631	-.156	-.096	.125	.219
黒板はうまく利用されていた	.377	.220	.274	.287	.107
視聴覚教材は適切	.522	-.188	-.046	.106	.175
黒板は適切	.283	.208	.410	.083	.233
マイクは適切	.510	-.456	.324	-.050	.165

因子抽出法: 重みなし最小二乗法
　a. 5個の因子が抽出されました。6回の反復が必要です。

因子負荷が高くなっており，因子の名称を決めることが難しくなっていました。しかし，表2.4.5の回転後では因子負荷がうまく分散していることがわかります。「バリマックス」というのは，Variance（分散）をMaximun（最大）にするという意味なのです。

表2.4.5 バリマックス回転後の因子負荷の表（SPSSでの出力）

回転後の因子行列[a]

	因子				
	1	2	3	4	5
理解しやすかった	.665	.217	.219	.169	.122
面白かった	.727	.278	.034	.061	.126
ためになった	.633	.148	.079	.197	.174
進み具合は適切だった	.471	.257	.153	.163	.276
教員に熱意がある	.237	.544	.186	.054	.222
教員の準備が十分	.152	.526	.217	.096	.137
教員は内容理解していた	.171	.589	.333	.022	.086
理解度に合った	.349	.147	.125	.312	.475
声は適切	.108	.136	.673	.039	.249
しゃべる工夫あり	.347	.221	.471	.097	.552
参加しやすい雰囲気	.323	.393	.135	.122	.295
質問しやすい雰囲気	.180	.175	-.120	.535	.468
静粛を保つ配慮があった	.114	.471	-.071	.081	.081
面白くするよう工夫があった	.404	.363	.159	.053	.351
テキストはうまく利用	.319	.215	.213	.321	.111
配布資料は適切	.388	.477	.282	.186	-.058
黒板はうまく利用されていた	.082	.199	.047	.549	.095
視聴覚教材は適切	.287	.400	.291	.146	-.057
黒板は適切	.123	-.055	.156	.557	.014
マイクは適切	.132	.217	.708	.184	-.050

因子抽出法: 重みなし最小二乗法
回転法: Kaiserの正規化を伴わないバリマックス法
a. 9回の反復で回転が収束しました。

■ 因子名を決める（因子の解釈）―手順④

　これで，ようやく因子の名前を決めることができます。ただし，このままでは，わかりにくいですので，因子負荷が0.35以上になっているものを各因子ごとに集めて表を作り直してみましょう（表2.4.6）。これが，よく論文等に掲載されている表です。各因子の名称をつけてみました。後は，特に説明しません。主観的につけるだけです。授業評価について，筆者らは専門外ですので，因子名のつけかたが妥当かどうかはわかりませんが，こんな感じで，因子軸を回転することによって，うまく因子の解釈が可能であることをわかっていただければよいのです。

■ 解釈可能性の検討

　これで，因子分析は終わりではありません。ここに出てきた結果は，1つの結果にすぎません。ここに出てきた因子がはたして妥当であるのかどうかの検討をしなければなりません。自分の取ってきたデータを解釈するのに十分であるかどうかです。それは，数学的な基準をもとにするのではなく，当該分野の知見に照らしあわせて妥当かどうかの検討を

表 2.4.6　バリマックス回転後の因子負荷を因子ごとにまとめたもの

	因子1 内容	因子2 教員努力	因子3 声	因子4 対話性	因子5 しゃべり方
面白かった	**.727**	.278	.034	.061	.126
理解しやすかった	**.665**	.217	.219	.169	.122
ためになった	**.633**	.148	.079	.197	.174
進み具合は適切だった	**.471**	.257	.153	.163	.276
面白くするよう工夫があった	**.404**	**.363**	.159	.053	.351
教員は内容理解していた	.171	**.589**	.333	.022	.086
教員に熱意がある	.237	**.544**	.186	.054	.222
教員の準備が十分	.152	**.526**	.217	.096	.137
配布資料は適切	**.388**	**.477**	.282	.186	−.058
静粛を保つ配慮があった	.114	**.471**	−.071	.081	.081
視聴覚教材は適切	.287	**.400**	.291	.146	−.057
参加しやすい雰囲気	.323	**.393**	.135	.122	.295
マイクは適切	.132	.217	**.708**	.184	−.050
声は適切	.108	.136	**.673**	.039	.249
黒板は適切	.123	−.055	.156	**.557**	.014
黒板はうまく利用されていた	.082	.199	.047	**.549**	.095
質問しやすい雰囲気	.180	.175	−.120	**.535**	**.468**
テキストはうまく利用	.319	.215	.213	.321	.111
しゃべる工夫あり	.347	.221	**.471**	.097	**.552**
理解度に合った	.349	.147	.125	.312	**.475**

行なうわけです。ここまでの例では，因子数の指定などを行なっていませんし，とりあえず最小二乗法という因子抽出法，バリマックス回転という回転法を選んだだけです。この結果で，自分のデータの解釈がうまくいきそうになかったら，因子数の決め方を変えたり，因子抽出法を変えたり，回転のしかたを変えるなどをしてみる必要があります。また，うまくいったと思っていても，他のやり方でもやってみる必要があるのでしょう。もっといい見方ができるかもしれません。

次の節では，回転のやり方を変えてみましょう。バリマックス回転は，直交回転とよばれる回転のしかたの1つなのですが，後の解釈が簡単なので，よく利用されているようです。ただし，これが最善のやり方というわけではありません。

2.5　軸を別々に回転させる（斜交回転）

ここまでの説明で，軸を回転させることにより，因子が見えてくることがわかったと思います。今までの回転では，2つの軸をいっしょに回転させました。しかし，軸の回転とは，全部の軸（これまでの説明では簡単にするため，2つの軸の例を話してきましたが，実際にはもっとたくさんの軸がある場合のほうが多いでしょう）をまとめて回転させなければならないという制約はありません。軸を別々に回転させてもよいのです。軸をまとめて回転させると，それが制約になりますから，うまい具合に因子を見つけ出すことができ

ないことがあります。別々に回転させたほうが，自由度が高くなりますから，因子も見つけやすくなります。

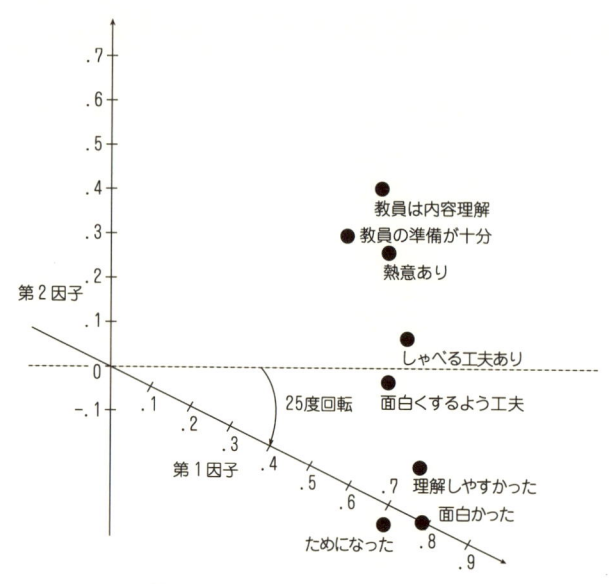

図 2.5.1　横軸だけ25度回転した場合

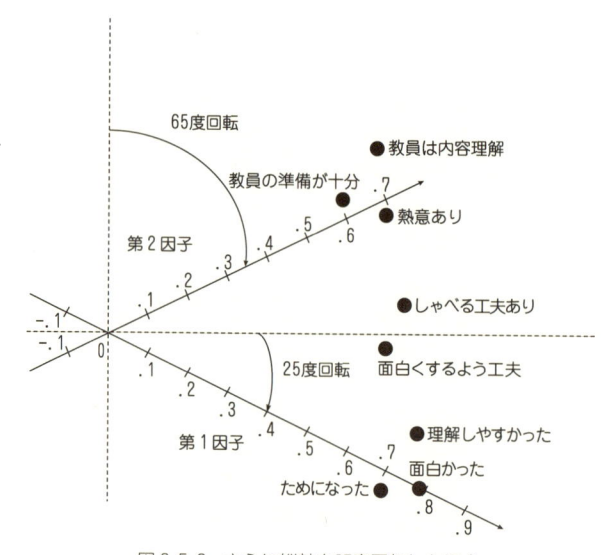

図 2.5.2　さらに縦軸を65度回転した場合

2.5 軸を別々に回転させる（斜交回転）

　それでは，実際にこれまでの例を使って軸を別々に回転させてみましょう。初期解を算出したところに戻って，軸を回転させてみました。まず25度回転させてみましょう。ただし，今度は，2つの軸をいっしょに回転させるわけではなく，横軸（第1因子）だけを25度回転させました（図2.5.1）。そして，次は縦軸を65度回転させてみました。それが，図2.5.2になります。軸が両方とも斜めになってしまって見にくいですので，横軸が水平になるように書き直しました（図2.5.3）。さて，この図から，因子負荷を算出してみましょう。やり方は，回転させた新たな軸をx軸，y軸と見立てて，その座標をグラフから読み取ればよいのです。たとえば，「しゃべる工夫あり」の場合を図中に示しましたが，x軸で0.30，y軸で0.45と読み取れます。したがって，第1因子の負荷量が0.30，第2因子の負荷量が0.45となります。他の項目も同様にして読み取った結果を表2.5.1に示しました。

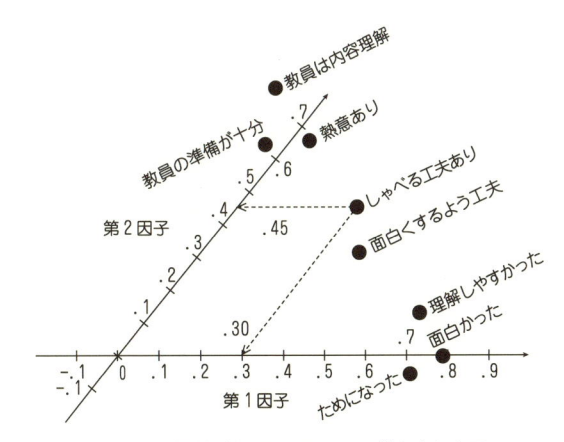

図2.5.3　横軸が水平になるように描き直した図

表2.5.1　横軸25度・縦軸65度回転（斜交回転）とバリマックス回転（直交回転）の因子負荷の比較

項目	横軸25度・縦軸65度回転後の因子負荷		バリマックス回転後の因子負荷	
	第1因子	第2因子	第1因子	第2因子
理解しやすかった	0.65	0.13	0.67	0.32
面白かった	0.79	0.00	0.75	0.24
ためになった	0.74	-0.06	0.69	0.17
熱意あり	0.04	0.66	0.29	0.62
教員の準備が十分	-0.05	0.65	0.20	0.58
教員は内容理解	-0.14	0.82	0.18	0.71
しゃべる工夫あり	0.30	0.45	0.45	0.51
面白くするよう工夫	0.38	0.32	0.49	0.41

2章 因子分析を自分でする

さあどうでしょう。表には,バリマックス回転を行なった場合の因子負荷の結果と併せて載せてみました。見比べてみてください。今度の結果のほうが,因子負荷の高いところとそうでないところがはっきりと出てきました。どの項目がどの因子に対応するかということが明確になり,因子名の解釈は非常に楽になります。軸をいっしょに回転(直交回転)させると,どうしても制約がありますから,自分の思い通りの位置に軸をもってくることができません。しかし,別々に軸を回転させることができれば,制約がなく,自由に軸を配置できます。そうすると,自分のデータをうまく解釈できる軸が見つかるのです。

このように因子軸を別々に回転させると,軸と軸が斜めに交わってしまいますので,**斜交回転**と言います。それでは,この斜交回転をコンピュータで行なうにはどうしたらいいのでしょうか。

■ プロマックス回転〜斜交回転の例〜一手順③′

さきほど,コンピュータではバリマックス回転というのを行ないました。バリマックス回転は直交回転の代表的な回転です。それに対し,ここでは因子軸を別々に回転し因子軸の斜交を許す斜交回転の代表格の**プロマックス回転**を行なってみましょう。

SPSS の場合,回転のダイアログで,プロマックス回転を選択します。このとき,オプションとして κ(カッパ)の値を指定できるようになっていますが,これはそのままにしておきます。一方,SAS では,ROTATE に「PROMAX」と指定すればよいだけです(この場合もオプションの指定ができますが,ここではデフォルトのままにしておきます)。

【SPSS の場合】
回転の方法の中から「プロマックス」を選択

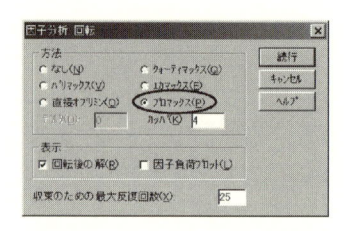

図2.5.4 プロマックス回転の選択

【SAS の場合】
オプション rotate で指定する

2.5 軸を別々に回転させる（斜交回転）

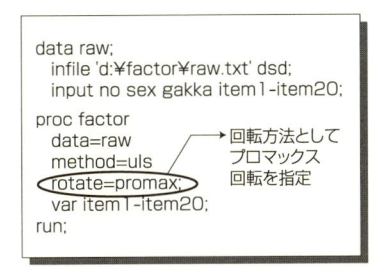

```
data raw;
  infile 'd:\factor\raw.txt' dsd;
  input no sex gakka item1-item20;
proc factor
  data=raw
  method=uls
  rotate=promax;  → 回転方法として
  var item1-item20;    プロマックス
run;                    回転を指定
```

図2.5.5　SASプログラムでのプロマックス回転の指定

■ 因子の解釈―手順④′

　SPSSでプロマックス回転を行なった結果の出力例を表2.5.2から表2.5.4に示しました。バリマックス回転の場合に比べて，出力されたものが多いことに気づかれたでしょう。バリマックス回転のときは，「回転後の因子行列」だけでした（表2.4.3）。しかし，今度は，「パターン行列」，「構造行列」，「因子相関行列」と3つも出力されています。最初の「パターン行列」というのが**因子負荷**の表になります。とりあえず，この表を見て，因子の解釈を行なってみましょう。これまで両方の因子で負荷量が高かった「面白くするよう工夫」と「しゃべる工夫あり」の項目が，今度の結果では，「面白くするよう工夫」の項目は因子1に，「しゃべる工夫あり」の項目は因子2に負荷が高くなり，はっきりと分かれてきました。こうなると，因子の解釈は容易です。第1因子が内容に関する因子で第2因子が教員の努力に関する因子です。因子分析の世界では，**単純構造**という言い方をしますが，文字通り，どの因子に関連しているかが明快で単純になっています。

　この表の値を先ほど横軸を25度，縦軸を65度回転したときに計算した値と見比べてみてください。かなり近い値になっていることに気づかれたでしょう。目で見て適当に回転した結果とコンピュータで計算した結果がこれほどまでに近い値になってしまうのに驚かれたでしょう。実は，これはインチキをしており，先にプロマックス回転した結果を見て，どの程度回転するとプロマックス回転の結果と一致した結果になるのか試行錯誤したのです。それをあたかも最初から目で見て回転させたかのように，書いていただけのことです（実際はもっと近い値にすることもできたのですが，それだとあんまりなので，少し変えています）。まぁ，そういうインチキは別として，ここで理解していただきたいのは，コンピュータでやっていることがそんなに高度なことではなく，ただ，軸を別々に回転させているだけだということです。どの程度回転するとうまくいくかの基準をコンピュータは計算して行なうだけのことです。でも，コンピュータがやることは所詮人間が手作業でやることを正確に速くやってくれるだけに過ぎないのです。試行錯誤的に人間がやってもコンピュータがやったのとそう変わらない結果にはなります。ただし，直交回転のところでも話しましたが，2つの因子程度なら，人間がやってもコンピュータと比べて遜色ないのですが，因子の数が多くなると，さすがに人間の手に負えなくなります。それで，コンピ

表2.5.2 プロマックス回転を行なったときのパターン行列（SPSSでの出力）

パターン行列[a]

	因子	
	1	2
理解しやすかった	.680	.086
面白かった	.821	-.054
ためになった	.774	-.105
教員に熱意がある	.075	.636
教員の準備が十分	-.026	.629
教員は内容理解していた	-.110	.804
しゃべる工夫あり	.329	.417
面白くするよう工夫があった	.415	.281

因子抽出法: 重みなし最小二乗法
回転法: Kaiser の正規化を伴うプロマックス法
a. 3回の反復で回転が収束しました。

表2.5.3 プロマックス回転を行なったときの構造行列（SPSSでの出力）

構造行列

	因子	
	1	2
理解しやすかった	.736	.531
面白かった	.786	.485
ためになった	.705	.403
教員に熱意がある	.492	.685
教員の準備が十分	.386	.612
教員は内容理解していた	.418	.732
しゃべる工夫あり	.603	.633
面白くするよう工夫があった	.599	.553

因子抽出法: 重みなし最小二乗法
回転法: Kaiser の正規化を伴うプロマックス法

表2.5.4 プロマックス回転を行なったときの因子相関行列（SPSSでの出力）

因子相関行列

因子	1	2
1	1.000	.656
2	.656	1.000

因子抽出法: 重みなし最小二乗法
回転法: Kaiser の正規化を伴うプロマックス法

ュータに頼らざるを得ないだけのことです。

■ **因子パターンと因子構造**

　さて，問題はその後に出力されているものが何であるのかということです。その後に，「構造行列」（表2.5.3）というのが新たに加わっています。これも回転後（この場合はプロマックス回転後）の質問項目と因子の関係を表わすものです。ただし，これは，因子負荷ではありません。因子負荷は，先に出てきた「パターン行列」として示されており，斜交回転の場合，因子構造と区別して因子負荷のことを，一般には**因子パターン**と呼んでいます。それに対して，「構造行列」は，質問項目と因子との**相関係数**を示したものです。

2.5 軸を別々に回転させる(斜交回転)

こちらは,一般には**因子構造**と呼ばれています。バリマックス回転のときには,因子と質問項目の関係を示すものは,因子負荷(因子パターン)だけしか出力されなかったのに,なぜ,プロマックス回転をすると,因子負荷だけではなく,相関係数まで出力されるのでしょうか。そこに,直交回転と斜交回転の違いがあるのです。

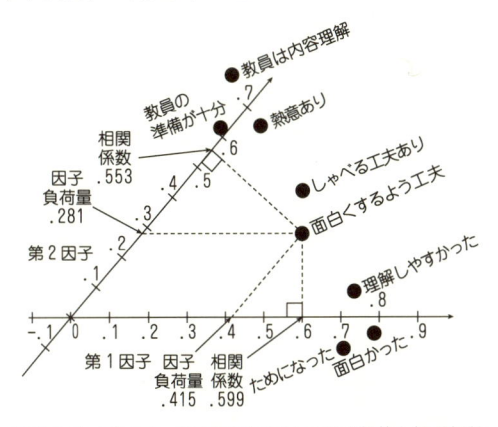

図2.5.6 プロマックス回転における因子負荷と相関係数

プロマックス回転をしたときの図を改めて描いてみました(図2.5.6)。この図から,各質問項目と因子の関係を知るには,因子軸に対する座標を読み取ればよいのです。最初に目でみて回転させたときには,何も説明しませんでしたが,実は,座標の見方が2通りあります。先ほどは,当該の軸とは違うほうの軸と平行になるように線を引いて,その値をとりました。一方,当該の軸に対して,垂直に線を下ろすというやり方もあります。最初に行なった片方の軸に平行に線を引いて読み取った座標の値は,因子負荷になります。それに対して,垂線を下ろしたときの座標の値は,相関係数になります。「面白くするよう工夫」の項目で見てみましょう。片方の軸に平行に線を引いたとき,x軸で.415,y軸で.281となっています。これが因子負荷です。軸に垂線を下ろすと,x軸で.599,y軸.553となっています。これが相関係数です。表2.5.2のパターン行列(因子パターン)と表2.5.3の構造行列(因子構造)の値と今読み取った値を比べてみてください。同じようになっていると思います。

因子軸への線の下ろし方が,2通りあるのは軸が斜めに交わっているからです。軸が直角に交わっている(直交)と,その2つは同じになってしまいます。直交回転させた図2.4.3をもう一度見てください。軸に下ろすには直角に下ろすしかないのです。直交回転の場合,因子負荷と言っていたものは,実は相関係数でもあるのです。直交回転の場合,因子負荷と相関係数は同じ値になります。当然,因子負荷である因子パターンと相関係数である因子構造も同じになるのです。したがって,直交回転であるバリマックス回転を行なったときには,因子パターンと因子構造が別々に出力されるようなことはありません。同

じものを２つ出力しても意味がないですから。しかし，斜交回転であるプロマックス回転を行なった場合，因子負荷（因子パターン）と相関係数（因子構造）は値が異なりますから，２つ別々に出力されるわけです。

因子パターンと因子構造は，どう使い分ければよいのでしょうか。因子名は，因子負荷によって決めればよいのですから，因子パターンを見ればよいのです。じゃあ，因子構造である相関係数は無視していいのかということになりますが，こちらも参考にしたほうがいいでしょう。実は，ここに斜交回転が敬遠される理由の１つがあります。「参考に」と言われても，どう見ていいのかわからないのです。

■ 因子負荷と相関係数の違い

因子負荷は，質問項目への回答に対する因子の影響力を表わします。一方，相関係数は，因子の変化と回答の変化がどの程度関係性があるかを示すものです。うーん，そう説明されてもわからないでしょう。そこで，このあたりのところをわかりやすく説明するために，まったく別の例で説明をします。

野球を例として考えます。野球は９人で行ないます。９人の打順は，各選手の能力に応じて決められます。３番とか４番を打つ人がもっとも実力のある選手です。この３番や４番を打つ選手（上位選手）が試合の勝ち負けにもっとも影響力をもっています。一方，８番とか９番を打つ選手（下位選手）はそれほど打撃の能力は高くありません。そのため，試合への影響力はそれほど高くありません。試合の勝ち負けが質問項目だとしたら，各選手は因子のようなものです。そして，因子負荷は，各選手の影響力に相当すると考えるとよいでしょう。ちょっと強引ですが，そう考えてください。影響力の強い（因子負荷の高い）３番４番の選手の活躍は，試合の勝ち負け（質問の回答）を左右します。８番９番の選手の活躍は，影響力は弱い（因子負荷は低い）ですが，何らかの影響を及ぼします。

当然ですが，選手が活躍すれば，試合は勝つでしょう。選手が活躍しなければ，試合には負けます。このとき，選手の活躍と試合の勝ち負けには相関関係があります。しかも，そのとき，３番４番の選手が活躍したほうが勝つ可能性は高くなります。３番４番の選手は影響力が強いからです。３番４番の選手は，実力がありますので，活躍したときは，長打とかホームランとか大量得点につながる活躍をしますので，活躍の有無と勝敗の関係性はかなり高くなります。一方，８番９番の選手が活躍した場合，それほど影響力がないため，勝つ可能性はそれほど高くはありません。一般に，影響力に相当するだけ，関係性が高くなるはずです。このとき，この関係性が相関係数にあたります。選手の活躍の変化と勝敗の変化の関係性です。

ところが，実際には，選手の影響力以上に，選手の活躍と勝敗との関係が高くなることがあります。たとえば，８番９番の選手が活躍したとき，本来は影響力は小さいはずですが，現実には勝敗との関係性は高くなります。それはなぜかというと，８番９番の選手が活躍したときは，３番４番の選手も活躍している可能性が高いからです。野球は相手のピッチャーとの勝負です。相手のピッチャーの調子がいいときは，なかなか打てません。３

2.5 軸を別々に回転させる（斜交回転）

番4番のバッターでもそうです。でも，ピッチャーの調子が悪いと，8番9番のバッターでも打てます。ましてや3番4番の実力が高い選手は，もっと活躍します。8番9番のバッターが活躍したときは，3番4番のバッターも活躍していますから，勝つ可能性はいっそう高くなるのです。したがって，8番9番の選手の場合，影響力以上に，その活躍と勝敗の関係は高くなるのです。たとえば，8番9番の選手の活躍が勝敗に与える影響が0.28といった値だったときに，勝敗との相関はそれ以上で0.55となることがあります。一方，3番4番の選手から見ても，3番4番の選手が活躍したときには少なからず8番9番の選手も活躍していますから，わずかですが，影響力を上回る相関が勝敗との関係の間に出てきます。たとえば，3番4番の選手の影響力が0.42だとすると，相関は0.60になるといった具合です。この関係を図2.5.7に表わしてみました。

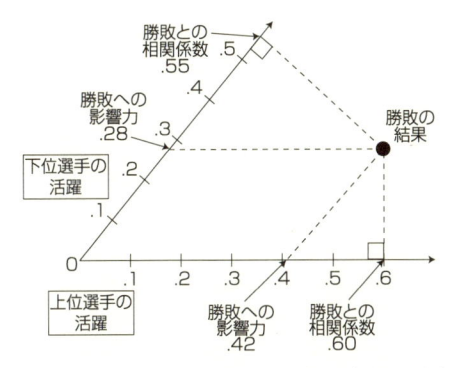

図2.5.7　選手の活躍と勝敗への影響力の関係及び活躍と勝敗との相関

この図は，先ほどのプロマックス回転の図2.5.6と実は同じなのです。選手の活躍が因子で，勝敗が質問項目だと考えると，因子負荷は勝敗への影響力となります。そして，相関係数は文字通り勝敗との相関係数に対応します。このように，影響力（因子負荷）と相関係数の値が異なってしまうのは，因子の間に関係性がみられるからです。野球の例でいうと，選手の活躍の間に関係性がみられるからです。下位のバッターが活躍すれば，上位のバッターも活躍しています。上位のバッターが活躍していないときは，下位のバッターも活躍していません。それは，先ほど述べましたように，相手のピッチャーの調子という共通の要因に左右されるからです。その関係は，図でみると，2つの軸の交わり具合で変わってきます。2つの軸の間の角度が小さくなり近づいていくほど関係性が高いことを示しています。2つの軸が直角のときには，2つの軸の間には関係性はみられません。ということは，軸が斜めに交わる斜交回転というのは，軸と軸の間（因子と因子の間）に関係があるということなのです。直交回転は，因子と因子の間に関係がない（独立である）ということなのです。

さて，授業評価の分析例に話を戻しましょう。表2.5.2と表2.5.3の出力を再び見てく

ださい。プロマックス回転での因子の解釈では，前のバリマックス回転のときと同じように，第1因子が内容に関する因子，第2因子は教員の努力に関する因子だということでした。因子の解釈上は違うものが出てきたわけではありません。違うのは，プロマックス回転を行なうと，軸が斜めに交わったということです。これは，2つの因子の間に関係があるということなのです。考えてみると，相関があるのはもっともだと思います。授業は教員が行なうわけですから，その授業内容は，教員の努力によって良くもなり悪くもなるわけです。したがって，内容に関する第1因子と教員の努力に関する第2因子の間には関係性があって，2つの軸は斜交することになります。そして，因子負荷と相関係数との関係はどうでしょうか。たとえば，「面白くする工夫があった」という質問に対する回答における教員の努力因子の因子負荷が.281で，比較的影響力は小さいと言えます。一方，第1因子の内容に関しての因子では，負荷量.415で相対的に高い影響力をもっています。ところが，相関係数になると，双方の因子とも0.5以上の値を示しています。これは，教員が努力すれば内容の面でも改善されていることが考えられるため，教員の努力が高く評価されているということは，同時に内容面も良い評価を受けており，見かけ上，「面白くする工夫があった」という回答との関係性（相関係数）が高くなっているのです。

■ 因子間の相関

これまで話をしてきましたように，斜交というのは，因子の間に関係性（相関）があるということです。因子軸が直交のままの場合，因子と因子の間は相関がありません。いわゆる独立ということです。たとえば，授業評価の例の場合，バリマックス回転で2つの因子が出てきましたが，これらの因子は相互に独立で，相関はありません。しかし，斜交回転によって抽出された因子の間には相関があることになります。そのため，斜交回転の場合，出力結果に因子と因子の間の相関係数表が出力されます。表2.5.4の最後の因子間行列がそれです。これを見ると，第1因子と第2因子の間の相関係数が0.66ということがわかります。つまり，授業の内容の因子と教員の努力の因子の間には，かなり高い相関があるということです。一方，直交回転の場合は因子間行列は出力されません。直交だと決めているのは因子と因子の間に相関がないということ，つまり，相関が0になりますから，出力する意味がないのです。

因子の相関の値によって，軸がどの程度斜めに交わっているかがわかります（図2.5.8）。相関が0の場合は，直交回転と同じですから，直角に交わっています。角度で言えば90度です。仮に相関が1の場合（実際にはありえませんが）は，2つの因子軸が重なってしまい，角度では0度になります。相関が0から1まで大きくなるにつれ，2つの軸の角度は90度からしだいに縮まっていくことになります。一方，相関が負になることもあります。今度は0から−1まで変化するにつれ，90度から角度は大きくなっていきます。これもありえませんが，相関が−1になると，2つの軸は一直線に並び，角度は180度になります。つまり，因子間の相関係数が−1〜＋1と変化すると，角度は180度〜0度と変化するわけです。

2.5 軸を別々に回転させる（斜交回転）

　この関係は，因子名を解釈するときに役に立ちます。因子の間に相関が高いものは，その因子も内容として共通するものとしての解釈になるでしょう。しかし，相関が低い場合は，まったく違った概念の因子だと考えて解釈するのがよいでしょう。

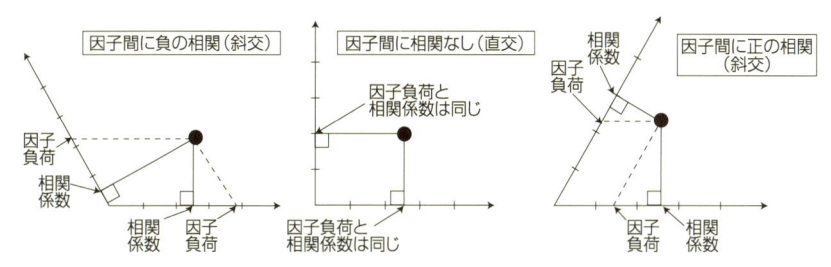

図2.5.8　因子間の相関　　因子に相関があると，因子軸は斜交する。交わる角度が鋭角の場合，正の相関，鈍角だと負の相関，直角だと直交し相関0。

■ 回転の2つの種類（直交回転と斜交回転）

　これまで述べてきましたように，回転のさせ方は大きく分けて2つあります。

1．軸をいっしょに回転させる。→　直交回転となる。
2．軸を別々に回転させる。→　斜交回転となる。

　厳密に言うと，軸をいっしょに回転させるから直交というわけではありません。初期解を出したときには，直交であるため，そのままの状態を保ちながら回転させるから，直交のままであるというだけです。また，軸を別々に回転させても，たまたますべての軸が同じ角度の回転であれば（厳密にはその方向が他の軸と平行でないといけません），直交になります。実際に私たちが軸を回転させる場合，直観法とかグラフ法で行なうことはもはやないでしょう。統計パッケージにやらせることになります。統計パッケージでは，ある基準に基づいて回転をやっていきます。そのときの基準の決め方によって，直交回転とか斜交回転というのが出てきます。斜交を許す基準になっているのか，直交だけに限定した基準なのかという形で次のように分類できます（表2.5.5）。

　それぞれ，「○○回転」という言い方をしていますが，それぞれ何がしかの基準をもっています。たとえば，「バリマックス回転」というのは，「バリマックス基準での回転」と言ったほうがいいのかもしれません。

　このように回転にはいろいろな種類があるのですが，どの回転を選べばいいのでしょうか。何度も言うようですが，因子分析は自分のデータをうまく説明できる解を求めればよいので，いろいろな回転を試してみて，いちばん合っているものを見つけ出せばよいので，個々の回転の特徴を知らなくても，試行錯誤でやってもかまわないのです。回転をさせるときにパラメータを指定しなければいけないものもありますが，とりあえずはデフォルト（何も指定しない場合の既定値）でやればいいのです。後は少し変えてみたときにどうなるのかを試してみればいいだけです。ただ，因子の相関のところで述べましたように，直

表 2.5.5 主な回転方法

回転法		SPSS	SAS	特徴
バリマックス	直交	○	VARIMAX	因子ごとに因子負荷のばらつきを大きくする。
クォーティマックス	直交	○	QUARTIMAX	各項目ごとに，絶対値の大きな因子負荷のものと0に近い因子負荷のものが多くなるようにする。
エカマックス	直交	○	EQUAMAX	各因子寄与が等しくなるようにする。
パーシマックス	直交		PARSIMAX	バリマックスとクォーティマックスを融合したようなもの。
オーソマックス	直交		ORTHOMAX	パラメータの指定によって，クォーティマックス，バイクォーティマックス，バリマックス，エカマックス，パーシマックス，因子パーシモニーとなる。
プロマックス	斜交	○	PROMAX	事前回転としてバリマックス回転を行なった後，因子負荷を何乗かして単純構造を強調し，仮説行列を作り，プロクラステス回転を行なう。
直接オブリミン	斜交	○		因子パターンを単純化するように回転。
ハリス・カイザー	斜交		HK	回転させるだけではなく，尺度変換によって単純構造にする。
プロクラステス	直交斜交		PROCRUSTES	ある因子負荷を仮説として，その値に近くなるようにする。

交回転では因子の間の相関を0だと仮定しており，因子間に相関がないというのは必ずしも現実的ではありません。したがって，特別な理由がない限り，斜交回転を選ぶのが賢明でしょう。もし，直交回転と斜交回転で行なって，どちらも結果が変わらなかったりしたら，直交回転で行なえばよいのです。

最後に，グラフを見ながら回転させた2つのやり方，バリマックス回転，プロマックス回転の4つの結果を初期解と比較してみましょう。表2.5.6にそれを示しました。

表 2.5.6 4つの方法による回転後の因子負荷と初期解との比較

項目	初期解		直交回転				斜交回転			
			両軸35度回転（グラフ法）		バリマックス回転		横軸25度・縦軸65度（グラフ法）		プロマックス回転	
	因子1	因子2	因子1	因子2	因子1	因子2	因子1	因子2	因子1	因子2
理解しやすかった	0.71	-0.22	0.70	0.23	0.67	0.32	0.65	0.13	0.68	0.09
面白かった	0.71	-0.33	0.77	0.14	0.75	0.24	0.79	0.00	0.82	-0.05
ためになった	0.62	-0.34	0.71	0.08	0.69	0.17	0.74	-0.06	0.77	-0.10
熱意あり	0.64	0.26	0.37	0.58	0.29	0.62	0.04	0.66	0.07	0.64
教員の準備が十分	0.54	0.30	0.27	0.55	0.20	0.58	-0.05	0.65	-0.03	0.63
教員は内容理解	0.61	0.41	0.27	0.68	0.18	0.71	-0.14	0.82	-0.11	0.80
しゃべる工夫あり	0.68	0.07	0.52	0.44	0.45	0.51	0.30	0.45	0.33	0.42
面白くするよう工夫	0.64	-0.03	0.54	0.34	0.49	0.41	0.38	0.32	0.41	0.28

2.5 軸を別々に回転させる（斜交回転）

この表から何を見てほしいのかといいますと，まずは，バリマックス回転とかプロマックス回転といったたいそうな名前がついているものであっても，実際は目で見て適当に軸を回転させた場合（グラフ法による場合）とあまり変わらないということです。さらに，いろいろ回転させることによって，初期解では見えてこなかった因子の単純構造が見えてくるということもわかると思います。単純構造を目指すのであれば，斜交回転を選択するのが賢明でしょう。

それでは，実際に，授業評価の例で斜交回転のプロマックス回転を行なった出力結果を見てみましょう。表 2.5.7 から表 2.5.9 に示しました。ここでは，共通性の表（表 2.3.2 と同じもの），説明された分散の合計の表（表 2.3.3 と同じようなもの），回転前の因子行列の表（表 2.4.4 と同じもの）の 3 つの出力は省略しています。バリマックス回転で行なった結果（表 2.4.5）と比較してもらうとわかりますが，因子負荷にメリハリがついてきていることがわかります。

このままの出力ではわかりにくいですので，また，因子負荷が高いものをまとめた表を表 2.5.10 に作りました。バリマックス回転のときと同様に，負荷量が 0.35 以上のものを太字で示しました。バリマックス回転のときには，第 4 因子の解釈が難しかったのですが，斜交回転をすることによって，見えてきました。因子間行列を見ると，第 3 因子と第 4 因子の相関が低いことがわかります。第 3 因子を「声」，第 4 因子を「対話性」としました

表 2.5.7　プロマックス回転を行なったときのパターン行列（SPSS での出力）

パターン行列 a

	因子				
	1	2	3	4	5
理解しやすかった	.747	-.070	.066	.014	.038
面白かった	.867	.050	-.185	-.112	.016
ためになった	.730	-.120	-.075	.049	.115
進み具合は適切だった	.416	.071	.017	.014	.238
教員に熱意がある	.009	.575	.028	-.069	.152
教員の準備が十分	-.088	.582	.089	.007	.068
教員は内容理解していた	-.075	.642	.205	-.073	-.007
理解度に合った	.189	-.055	.040	.166	.515
声は適切	-.121	-.073	.741	-.049	.271
しゃべる工夫あり	.108	-.038	.428	-.089	.586
参加しやすい雰囲気	.158	.330	-.010	-.015	.255
質問しやすい雰囲気	-.056	.105	-.221	.438	.534
静粛を保つ配慮があった	-.044	.610	-.232	.019	.010
面白くするよう工夫があった	.273	.247	.009	-.111	.311
テキストはうまく利用	.231	.065	.134	.242	.078
配布資料は適切	.304	.409	.131	.097	-.179
黒板はうまく利用されていた	-.107	.172	-.006	.535	.104
視聴覚教材は適切	.195	.347	.183	.078	-.155
黒板は適切	.054	-.221	.181	.565	.045
マイクは適切	-.047	.038	.760	.149	-.089

因子抽出法: 重みなし最小二乗法
回転法: Kaiser の正規化を伴うプロマックス法
a. 9 回の反復で回転が収束しました。

表2.5.8 プロマックス回転を行なったときの構造行列（SPSSでの出力）

構造行列

	因子				
	1	2	3	4	5
理解しやすかった	.759	.504	.425	.308	.424
面白かった	.770	.517	.271	.212	.416
ためになった	.688	.409	.273	.316	.439
進み具合は適切だった	.605	.482	.337	.270	.500
教員に熱意がある	.474	.647	.381	.161	.413
教員の準備が十分	.397	.605	.387	.188	.318
教員は内容理解していた	.440	.678	.508	.132	.287
理解度に合った	.509	.388	.277	.378	.648
声は適切	.334	.367	.702	.098	.359
しゃべる工夫あり	.578	.520	.605	.190	.716
参加しやすい雰囲気	.510	.548	.321	.220	.485
質問しやすい雰囲気	.358	.328	.036	.561	.619
静粛を保つ配慮があった	.270	.461	.091	.149	.214
面白くするよう工夫があった	.570	.551	.350	.163	.542
テキストはうまく利用	.481	.410	.355	.400	.337
配布資料は適切	.597	.639	.485	.316	.237
黒板はうまく利用されていた	.273	.308	.163	.575	.279
視聴覚教材は適切	.476	.535	.448	.251	.182
黒板は適切	.240	.113	.204	.565	.182
マイクは適切	.381	.433	.761	.259	.153

因子抽出法: 重みなし最小二乗法
回転法: Kaiserの正規化を伴うプロマックス法

表2.5.9 プロマックス回転を行なったときの因子相関行列（SPSSでの出力）

因子相関行列

因子	1	2	3	4	5
1	1.000	.689	.514	.391	.531
2	.689	1.000	.556	.308	.466
3	.514	.556	1.000	.187	.271
4	.391	.308	.187	1.000	.287
5	.531	.466	.271	.287	1.000

因子抽出法: 重みなし最小二乗法
回転法: Kaiserの正規化を伴うプロマックス法

が，相関が低いということがわかり，次のような解釈が可能になりました。実は，この授業評価のデータは，500人規模のホールのようなところで行なった授業だったのです。一般の教室とは違うため，授業には適していないところがありました。ただし，ホールであるため，音響設備はよく整っていて「声」に関しては高い評価があったのです。一方，ホールですから，対話的な授業は望めません。また，黒板もあるのですが，ホールの広さからいうと小さくて使えないのです。そのため，一方的に話すだけになって，黒板という作業空間を共有できない授業にならざるを得なかったのです。そのため，第4因子が対話的授業に関する因子であるということが確証されました。第4因子に関わる質問項目に対する評価は全体的に低かったのです。第3因子「声」に関する項目の評価は高く，第4因子「対話性」に関する項目への評価は低く，この2つの因子の相関が低くなったことがわかります。

表 2.5.10 プロマックス回転後の因子負荷（因子パターン）を因子ごとに並べ替えた表

項目	因子1 内容	因子2 教員努力	因子3 声	因子4 対話性	因子5 しゃべり方
面白かった	**.867**	.050	−.185	−.112	.016
理解しやすかった	**.747**	−.070	.066	.014	.038
ためになった	**.730**	−.120	−.075	.049	.115
進み具合は適切だった	**.416**	.071	.017	.014	.238
教員は内容理解していた	−.075	**.642**	.205	−.073	−.007
静粛を保つ配慮があった	−.044	**.610**	−.232	.019	.010
教員の準備が十分	−.088	**.582**	.089	.007	.068
教員に熱意がある	.009	**.575**	.028	−.069	.152
配布資料は適切	.304	**.409**	.131	.097	−.179
視聴覚教材は適切	.195	.347	.183	.078	−.155
参加しやすい雰囲気	.158	.330	−.010	−.015	.255
マイクは適切	−.047	.038	**.760**	.149	−.089
声は適切	−.121	−.073	**.741**	−.049	.271
黒板は適切	.054	−.221	.181	**.565**	.045
黒板はうまく利用されていた	−.107	.172	−.006	**.535**	.104
しゃべる工夫あり	.108	−.038	**.428**	−.089	**.586**
質問しやすい雰囲気	−.056	.105	−.221	**.438**	**.534**
テキストはうまく利用	.231	.065	.134	.242	.078
理解度に合った	.189	−.055	.040	.166	**.515**
面白くするよう工夫があった	.273	.247	.009	−.111	.311

　各項目についてみてみると，2つ以上の因子に対して0.35以上となった項目がバリマックス回転のときにはいくつかあったのですが，今回のプロマックス回転の場合は2つになっています。それだけ単純構造になったということです。どの因子に対しても0.35に満たない項目もありますが，これは複数の因子との相関が高いもの（「面白くするよう工夫があった」，「参加しやすい雰囲気」）や，関連の高い項目が少なかったもの（「テキストはうまく利用」，「視聴覚教材は適切」）などです。ただし，ここで，それらをあっさり捨ててしまってはいけないのです。この結果はプロマックス回転という1つの回転法を行なった結果であって，これが最善のやり方とは限らないのです。探索的に別の回転をやってみて，もっと自分のデータをうまく説明できる回転を探さないといけないのです。

■ 項目の取捨選択

　質問紙尺度を作る場合やさらに探索的に分析を続ける場合，共通性や因子負荷が低い項目，複数の項目にわたって因子負荷が高い項目などを削除して，もう一度因子分析をすることがあります。このようなことは必要なことなのでしょうが，因子分析の結果を絶対視した判断をしてはいけません。因子分析の結果は，たまたま行なった抽出法，たまたま行なった回転の組み合わせで出てきたもので，それが最善という保証はないのです。別の手法を使えば，異なった結果になったかもしれません。そして，捨てられる項目も違ってくると十分に考えられます。事実，ここで行なった授業評価の場合，バリマックス回転（表

2.4.6) とプロマックス回転（表 2.5.10）を比較してみましょう。いずれも負荷量が 0.35 未満または 0.35 以上のものが 2 つ以上にわたっている項目を削除対象とした場合，表 2.5.11 にそれらをまとめてみました。その違いがわかると思います。このような差異は，また別の手法を使うと違ってくるはずです。

表 2.5.11 削除対象候補の可能性のある項目の回転手法による違い

	バリマックス回転	プロマックス回転
因子負荷が低い項目	テキストはうまく利用	参加しやすい雰囲気 面白くするよう工夫 テキストはうまく利用 視聴覚教材は適切
因子負荷が複数の因子に高い項目	しゃべる工夫あり 質問しやすい雰囲気 面白くするよう工夫 配布資料は適切	しゃべる工夫あり 質問しやすい雰囲気

　それでは，何を拠り所にして項目を削除すればよいのでしょうか。せっかく因子分析という手法を使ったのに，その結果を拠り所にできないのであれば，因子分析を行なった意味がなくなってしまいます。もちろん，そういうことではありません。因子分析の結果は十分判断材料として使えます。しかし，それがすべてではなく，判断材料の 1 つにすぎないということです。それよりも大事なことは，項目の内容に対する吟味です。

　負荷量が低かったのは，その項目と同じような項目が単純に少なかったのかもしれません。その項目と同じような質問項目を増やせば，新たな因子が見つかったかもしれません。つまり，項目を削除するのではなく，同様の項目を増やすべきだったのかもしれません。たとえば，表 2.5.11 では，「視聴覚教材は適切」といった項目がどの因子に対しても負荷量が低く，削除対象の項目にあげられていますが，この項目と内容が近い項目がなく，因子として抽出されなかっただけかもしれません。同じような項目がもう少しあれば，因子として出てきたかもしれません。また，「質問しやすい雰囲気」と「しゃべる工夫あり」という項目は複数の因子に対して負荷量が高いため，削除されてしまうかもしれません。そうすると，因子 5「しゃべり方」に関連が高いと考えられる項目は「理解度に合った」だけになってしまいます。そうすると因子 5「しゃべり方」は，場合によっては因子として認めないのが妥当なのかもしれません。しかし，それが妥当なのかどうかは，この因子分析の結果ではなく，授業評価という観点から「しゃべり方」というのが潜在因子として不要なのかどうかの判断ですべきなのです。もし，必要であるという判断をすれば，回転のやり方を変えるとか，新たに項目を増やしたり，質問のしかたを変えたりして，因子として成立させることをしないといけません。表 2.5.10 の結果は，ベストではなく，多くの結果の 1 つにすぎないのです。最終的には因子分析の結果ではなく，人間がその内容をどう判断すべきかによるべきです。

2.5 軸を別々に回転させる（斜交回転）

■ 敬遠されてきた斜交回転

最近の論文の中には，斜交回転を行なっているものも多くなってきましたが，ちょっと前までは，直交回転しかなされていませんでした。しかも，ほとんどがバリマックス回転です。ここで実際に紹介しましたように，斜交回転のほうが自由度があり，因子構造が単純になって，因子の解釈はしやすくなります。そういう意味では斜交回転を使ったほうがいいのです。それでは，なぜ，これまで斜交回転は避けられてきたのでしょうか。それには，次のような理由があると思われます。

　1．計算に時間がかかる。統計パッケージで準備されていない。
　2．出力結果がたくさん出てわかりにくい。

今でこそ，豊富な手法が準備された統計パッケージをパソコンで使える時代になりましたが，一昔前までは，そんなことはありませんでした。因子分析そのものが統計パッケージには含まれていなかったり，仮にあったとしても，直交回転しかサポートしていなかったりしていました。さらにもう少し前は，統計パッケージすらなく，数学の本に載っている因子分析のプログラムを自分で入力して使う時代もありました。そのような場合も，本に載っているのは，バリマックス回転くらいで斜交回転は書いてありませんでした。その当時のなごりが残っているのでしょう。バリマックス回転を行なうことが標準的な因子分析のやり方だと思われているようです。そのため，統計パッケージがある程度普及するようになっても，まだ直交回転が多く利用されています。

さらに，斜交回転のほうが直交回転よりも結果の見方が複雑だということも，斜交回転が嫌われる理由かもしれません。斜交回転では，直交回転に比べ，いろいろな結果が出力されます。それらのどこを見ていいのかわからなくなってしまいます。へたに見方を間違って，まったく違う解釈をしてしまうことを怖れて，わかりやすい直交回転でお茶を濁しているのでしょう。でも，これまで説明してきましたように，それほど難しい話ではないのです。

■ 斜交回転は怖くない

斜交回転を敬遠する必要はありません。斜交回転はけっして特殊なやり方ではありません。最初に説明しましたように，斜交回転とは，ただ因子の軸を別々に回転させるだけのことです。別々に回転させるわけですから，軸と軸が直交せず斜めに交わってしまうのは当たり前のことなのです。むしろ，直交回転のほうが特殊なケースなのです。軸をいっしょに回転させなければならないという制約を直交回転はもっているのです。

ただ，その考え方がわかっても，やっぱり不安なのは，結果の見方です。ただし，これも怖れることはないのです。因子分析の結果の見方というのは，かなり主観的なもので，こうでなくてはならないということはありません。分散分析などは，結果の見方を間違ってしまうと，本来有意な差がないはずのところを有意な差があると間違った解釈をしてしまう怖れが十分にあります。しかし，因子分析の場合，白黒をつける分析ではありませんので，そのあたりのことは気にする必要はありません。ちょっと叱られるかもしれません

が，極端なことを言えば，因子負荷の表がどの表であるかさえわかれば，あとは目をつぶっていても実際上はそれほど影響はありません。論文に載せるのは因子負荷くらいですし，因子寄与も斜交因子の場合載せなくてもいい（次の節で説明します）という人もいるくらいですから，因子負荷さえわかっていればいいのです。

■ やるんだったら，斜交回転

これまでの因子負荷のプロットの図を並べて比較してみました（図2.5.9）。初期解のときの図，両方の軸を35度回転した図（直交回転），バリマックス回転（直交回転），縦軸を50度，横軸を25度回転した図（斜交回転），プロマックス回転（斜交回転）です。ここで注目して欲しいのは，どれを見ても項目のお互いの位置関係はまったく変わっていないということです。バリマックス回転とプロマックス回転の図では，横軸を水平にするように動かしているので，一見項目の位置関係も変わっているかに見えますが，配置はまったく変わっていません。違うのは，この中のどこに軸を引くかということだけの問題なのです。それが軸の回転なのです。言い換えると，この図に描いたデータをどこから見るのかということです。ただ漠然と見ただけではデータの関係性をうまく説明できません。いろいろな角度から見ることによって，うまくデータを説明できるところが見つかるのです。そのデータを見る位置を探そうというのが軸の回転です。そのためには，いろいろな角度を検討してみることが大切なのです。軸が直角でないといけないといった制約にとらわれずに見ていくことが重要です。つまり，直交回転だけではなく，斜交回転も検討してみる必要があるのです。

夜空を見上げて星を見ると，まったくバラバラに星が散らばっているように見えてしまいます。でも，その中にも，きれいな形をした星座が見えてきます。しかも，星座は，季節によって変わってきます。季節季節で見える星座が違ってくるのです。それは，地球が公転をしていて，星を見る位置が変わるからです。星の位置が変わっているわけではありません。変わっているのは，見る位置なのです。因子分析もそれと同じようなところがあります。星は質問項目です。そして，軸の回転というのは，見る位置を変えることだと考えてもいいでしょう。地球は，太陽のまわりを決まった軌道を描いて回っています。それだけでも，季節によって違う星座を楽しむことができます。しかし，公転の軌道をはずれて，銀河系を自由に飛び回ることができれば，もっときれいな星座を見ることができるかもしれません。直交回転という決まった軌道だけで見るのではなく，斜交回転によっていろいろな角度から見れば，もっとすばらしいものが見えるかもしれません。

質問項目という星は，ひとつひとつキラキラと輝いています。でも，ただその場で見上げただけでは，光の屑と化してしまうかもしれません。美しい星座を見つけるには，いろいろな場所から見ることが大事なのです。そうすると，もっと輝かしいものを見つけることができるはずです。それを可能にしてくれるのが斜交回転なのです。

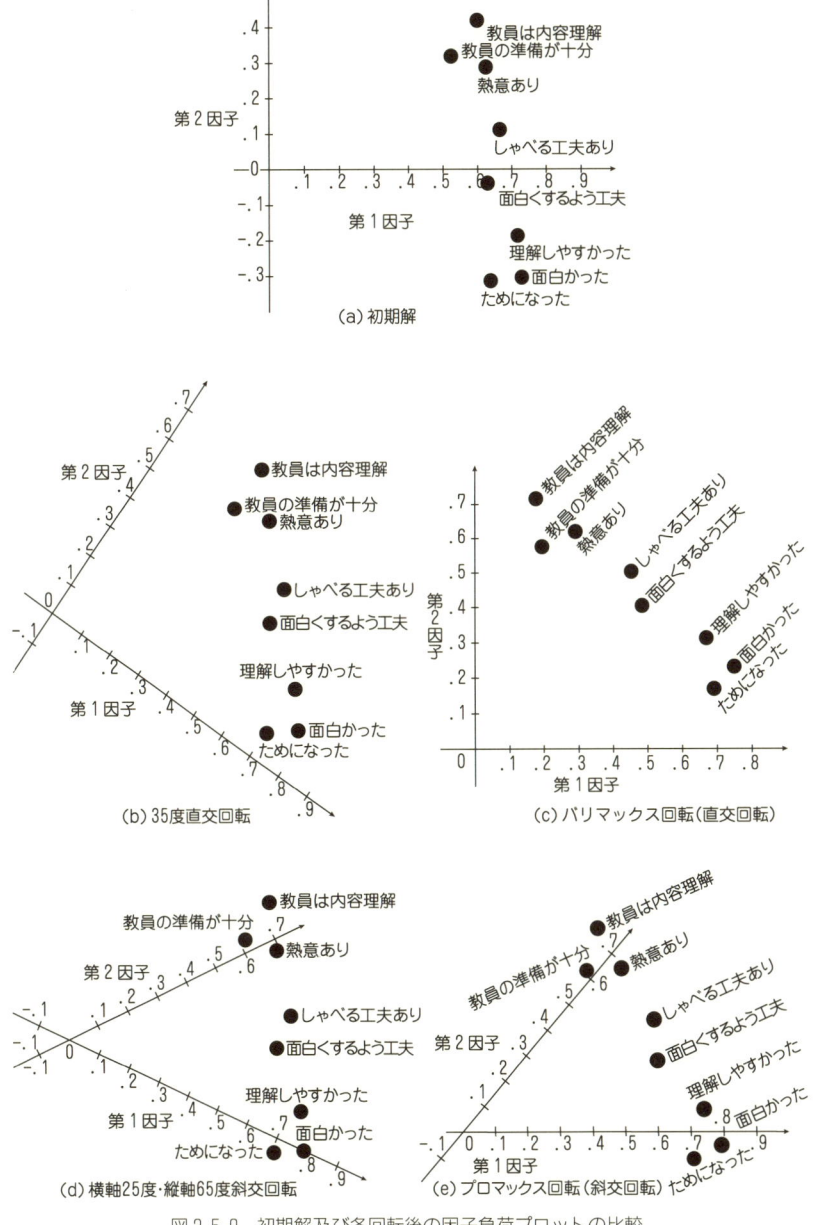

2.5 軸を別々に回転させる（斜交回転）

図2.5.9 初期解及び各回転後の因子負荷プロットの比較

2.6 因子寄与, 因子寄与率, 共通性, 独自性

　回転まで終わった段階で, 一応, 因子分析は終わったことになります。しかし, 抽出された因子がどの程度データを反映したものであるのかどうかを検討しておく必要があります。因子分析の計算は形式的にはどのようなデータを使ってもできます。何か結果が必ず出てきます。ただし, まったく意味のない分析であるかもしれません。そのため, それがちゃんとデータを反映したものであるのかどうかをチェックしておく必要が出てきます。
　その検討に使われるのが因子寄与, 寄与率といわれる指標です。因子寄与や寄与率についての意味は, 1章で詳しく説明しましたので, そこを読んでいただくとして, ここでは結果の見方を理解してください。

■ 因子寄与と因子寄与率

　因子寄与は, 因子が質問項目に対してどの程度寄与しているかという指標です。**因子寄与率**はそれを割合で示すものです。因子分析では, 質問の回答が潜在的因子の影響を受けていると仮定しています。したがって, 質問項目に対する因子の影響力が高くないと, 因子分析がうまくいったことになりません。因子寄与は, 因子によって質問項目がどの程度うまく説明がなされているかを表わす指標であるという言い方もなされます。したがって, 寄与率を説明率ということもあります。
　因子寄与の計算をするときには, SPSS でも SAS でも特に何かを指定する必要はありません。因子分析を行なえば, 結果として因子寄与を出してくれます。ただし, 見方は注意を要します。いずれの場合も因子寄与といった言葉では出力してくれないからです。さらに, 直交回転の場合と斜交回転の場合では異なりますので, 気をつけないといけません。

■ 直交回転の場合

　直交回転をした場合で見てみましょう。まず, SPSS の場合, 2.3節に出力例を示しましたが, その中に「説明された分散の合計」というもの (表2.3.3) がありました。これを見る必要があるのですが, 表2.3.3では回転前の初期解の結果でした。これは因子分析の最終結果ではありませんので, バリマックス回転をした場合のものを見る必要があります。2.3節の出力例では, その表は省略してしまいましたので, ここで, 新たに表2.6.1に示しました。この表は, 実際には,「回転後の因子行列」の前に出力されています。その表の中に,「抽出後の負荷量平方和」と「回転後の負荷量平方和」という欄があります。この2つを見ることになります。2つあるというのは, 初期解によって因子を抽出した段階と, 回転をした後の段階での結果の2つが出ているわけです。負荷量とは, いかに質問項目に影響力をもっているかを示すものですので, これをもとに計算されます。ただし, 負荷量は負の値もありますから, 二乗和 (平方和) をとるということなのです。このあたりのことは1章で説明した通りです。
　回転をした場合は,「回転後の」ほうだけを見ればいいことになります。その欄の「合

2.6 因子寄与，因子寄与率，共通性，独自性

表2.6.1 バリマックス回転のときの説明された分散の合計（SPSSでの出力）

説明された分散の合計

因子	初期の固有値			抽出後の負荷量平方和			回転後の負荷量平方和		
	合計	分散の %	累積 %	合計	分散の %	累積 %	合計	分散の %	累積 %
1	6.786	33.932	33.932	6.274	31.372	31.372	2.642	13.210	13.210
2	1.587	7.937	41.869	1.095	5.476	36.849	2.283	11.413	24.624
3	1.340	6.702	48.570	.802	4.012	40.861	1.762	8.808	33.431
4	1.153	5.767	54.338	.597	2.987	43.847	1.334	6.671	40.103
5	1.014	5.071	59.408	.521	2.607	46.455	1.270	6.352	46.455
6	.922	4.608	64.016						
7	.802	4.010	68.026						
8	.798	3.991	72.017						
9	.714	3.571	75.588						
10	.603	3.017	78.604						
11	.570	2.848	81.453						
12	.536	2.680	84.133						
13	.533	2.664	86.797						
14	.491	2.454	89.251						
15	.469	2.345	91.596						
16	.406	2.030	93.625						
17	.384	1.918	95.544						
18	.344	1.722	97.266						
19	.296	1.478	98.743						
20	.251	1.257	100.000						

因子抽出法：重みなし最小二乗法

計」の値が因子寄与になります。因子寄与は，各因子ごとに計算されますから，ここでは，因子寄与が5つ算出されたことになります。第1因子から順番に見ると，2.642，2.283，1.762，1.334，1.270となっています。この数字を見ただけで高いとか低いとかは判断できません。因子寄与がどの範囲の値をとるのかがわからないと意味がありません。1章でも説明しましたが，因子寄与は理論上最大で質問項目の数になります。この例の場合，質問項目は20でした。そこでわかりやすくするために，最大値（この場合は20）に対する割合を算出します。それが因子寄与率と言われるもので，その値が「分散の％」という欄に書いてあります。第1因子から，13.210，11.413，8.808，6.671，6.352という数値です。いずれも20に対する割合をパーセントで表わしたものです。したがって，この結果は，たとえば第1因子で13.210％説明できているということを表わしています。その横の欄にある「累積％」というのは，文字通り，その寄与率を合計していったもので，**累積寄与率**といわれます。たとえば，第2因子までの累積寄与率は，第1因子の寄与率13.210と第2因子の寄与率の11.413を足して24.624となります（丸めの誤差があるため，合計はまったく同じ値ではありません）。これは，第2因子までで，24.624％説明できているということです。この分析では第5因子まで抽出されたのですが，第5因子までの累積寄与率は，46.455％であることを示しています。5つの共通因子で，全体の46.455％までを説明できたということです。この数値が高いか低いかですが，高いにこしたことはありませんが，極端に低くなければ，それほど気にすることはないでしょう。ただし，質問紙尺度を作る場合などはある程度高くないと意味がないでしょう。低い場合は，負荷量の低い質問項目を削除したり，必要な項目を増やしたりするなどして，分析を繰り返せばいいわけです。

さて，ついでに，「抽出後の負荷量平方和」のほうも見ておきましょう。これは，初期解のときの因子寄与を示しています。これは途中経過ですから，見なくてもいいのですが，

● 85 ●

回転後のものと比較すると，回転がどのような意味をもっているのかわかってきます。最終累積寄与率はまったく変わらないのですが，各因子の寄与率に大きな差が出ています。初期解の場合は，第1因子が31.372％で極端に高くなっています。これだと，ほとんどが第1因子だけで説明しているようなもので，第2因子以降は何のための因子なのかわかりません。つまり，因子の解釈のしようがないのです。そこで，回転をする意味があるわけです。回転をすることによって，各因子に寄与が分散していっています。ここでは，バリマックス回転を行ないましたが，前にも説明しましたように，バリマックス回転とは分散が最大になるような基準で行なうわけですが，その結果が寄与率を見ることでもわかってきたわけです。

■ 斜交回転の場合

次は，斜交回転の場合です。プロマックス回転の場合の例を表2.6.2に示しました。この表はバリマックス回転の場合と同様に，実際には，因子パターン行列や因子構造行列の前に出力されています。今度は，バリマックス回転の場合とかなり違うことに気づかれたでしょう。「回転後の」の欄が合計しか出ていません。これが因子寄与にあたるのですが，寄与率や累積寄与率に相当する割合が出されていません。それは，なぜかというと，割合を計算する元になる最大値が特定できないからです。直交回転の場合，その最大値が質問項目の数（ここに示している例では20）でしたが，斜交回転をすると，20になるという保証がないのです。なぜ，そんなことになるのでしょうか？

それを考える前にちょっと整理しておかなければならないことがあります。ここで，SPSSの出力結果として出力されているところで「負荷量平方和」という言い方をしていますが，回転後では，負荷量という言葉はでてきません。回転後の場合は，負荷量，つま

表2.6.2 プロマックス回転のときの説明された分散の合計（SPSSでの出力）

説明された分散の合計

因子	初期の固有値			抽出後の負荷量平方和			回転後の
	合計	分散の %	累積 %	合計	分散の %	累積 %	合計
1	6.786	33.932	33.932	6.274	31.372	31.372	5.169
2	1.587	7.937	41.869	1.095	5.476	36.849	4.804
3	1.340	6.702	48.570	.802	4.012	40.861	3.376
4	1.153	5.767	54.338	.597	2.987	43.847	2.031
5	1.014	5.071	59.408	.521	2.607	46.455	3.509
6	.922	4.608	64.016				
7	.802	4.010	68.026				
8	.798	3.991	72.017				
9	.714	3.571	75.588				
10	.603	3.017	78.604				
11	.570	2.848	81.453				
12	.536	2.680	84.133				
13	.533	2.664	86.797				
14	.491	2.454	89.251				
15	.469	2.345	91.596				
16	.406	2.030	93.625				
17	.384	1.918	95.544				
18	.344	1.722	97.266				
19	.296	1.478	98.743				
20	.251	1.257	100.000				

因子抽出法: 重みなし最小二乗法
a. 因子が相関する場合は，負荷量平方和を加算しても総分散を得ることはできません。

2.6 因子寄与，因子寄与率，共通性，独自性

り因子パターンの値から算出されたものではありません。実際は，相関係数，つまり因子構造の値から算出されたものです。それは間違えないようにしてください。斜交回転の場合，因子と質問項目の関係を示すものとして，負荷量と相関係数がありましたが，ここでは相関係数を使うのです。これは，直交回転の場合，気にする必要がありませんでした。直交回転では，負荷量と相関係数が同じ値になるからです。ただし，斜交回転の場合，どっちなのかをはっきりとしておく必要があります。繰り返しになりますが，この SPSS の出力では相関係数のほうを使っています。

さて，話を元に戻しましょう。なぜ，斜交回転後に寄与率が算出されないかです。軸を回転させたときに，相関係数はどうなるでしょうか。基本的にある質問項目に対して，軸が近づいてくると，相関係数は大きくなります。逆に離れてくると，相関係数は小さくなります。前の節の図 2.5.8 を見てください。縦軸が動いて，90度より小さくなると軸が項目に近づいています。そうすると，その軸に対する相関係数は大きくなります（右の図です）。一方，90度より大きくなって軸が項目から離れていく（左の図）と，相関係数は小さくなっています。直交回転の場合，軸はいっしょに同じ方向に動きますから，ある軸が近づいたということは，別の軸は遠ざかっていくはずです。したがって，相関係数がどこかで大きくなっているとどこかで小さくなっていて帳尻があいます。そのため，全体の二乗和の値もある最大値（ここでの例では20）に保たれるわけです。

ところが，斜交回転では軸は別々に回転しますから，どこかで近づいても，別のところで遠ざかるという保証はありません。極端な場合，どの軸も近づいてきて大きな相関係数ばかりになる可能性だってあるのです。したがって，全体の二乗和が質問項目の数を越えてしまうことがあるのです。出力結果の注のところに「因子が相関する場合は，負荷量平方和を加算しても総分散を得ることはできません」という記述がありますが，これはそのことを意味しています。実際にはどんどん値が大きくなっていきます。全体の最大値がわからないため，割合を出すのにどんな値で割っていいのかわからないわけですから，割合が出せないということになってしまうわけです。

そこで，実際に，SPSS で出された出力を見てみましょう。回転後の欄の第1因子から順番に，5.169，4.804，3.376，2.031，3.509 となっています。バリマックス回転のときの因子寄与，初期解のときの因子寄与に比べてかなり値が大きくなっていることがわかります。さて，じゃあ，ここで出てきた因子寄与が大きいと見るのか小さいと見るのかの判断はどうすればいいのでしょうか。因子間の相対的な比較は問題なくできるわけですから，どの因子がどの程度貢献しているかはわかるはずです。ただ，全体としてはどうなのかがわからないことになります。この値を見ると，第5因子の因子寄与がかなり高くなっていることがわかります。初期解やバリマックス回転のときではもっとも因子寄与が低かったのですが，プロマックス回転では（相対的に）大きな値になっています。ここにも回転のやり方の違いが出てきているわけです。

2章 因子分析を自分でする

■ もう1つの因子寄与

　実は，斜交回転の場合，もう1つ因子寄与の出し方があります。斜交回転の場合，因子と質問項目との関係を示すのに，因子負荷（因子パターン）と相関係数（因子構造）の2つがありました。ところが，上で話をした因子寄与は，因子構造を使った場合でした。それでは，因子負荷（因子パターン）の立場はどうなるのでしょうか。因子負荷から計算することはできませんが，もう1つ別の因子寄与を算出することができます。SPSS の場合，その算出結果は出力されないようですが，SAS の場合，それが出力されます。すると，SPSS のユーザは関係ないのかというと，そういうわけではありません。因子負荷から算出する因子寄与と相関係数から算出した因子寄与の違いを比較することが，因子と項目の関係の理解を深めることになりますので，SPSS のユーザも読んでください。

　これから算出するもう1つの因子寄与のほうは，因子負荷と関係がないわけではありません。繰り返しになりますが，最初に紹介した因子寄与は，相関係数の値を使って計算しています。これは因子構造すなわち因子軸上で見た因子寄与という言い方ができるでしょう。もう1つ別の因子寄与を算出するには，因子軸とは別の新たな軸を引く必要があります。その軸は**参考軸**（基準軸とか準拠軸ともいいます）と言われるもので，各因子軸と直角に引いた軸です。なんだか難しそうですが，図を描いてみれば，単純なことだとわかります。図 2.6.1 は，斜交回転のときの相関係数と因子負荷を算出したときの図です。この図に破線で描いた軸があります。これが因子軸と直角になる軸で，参考軸です。その軸にプロットされた点から垂直に線を下ろすのです。この線は，図でみるとわかると思います

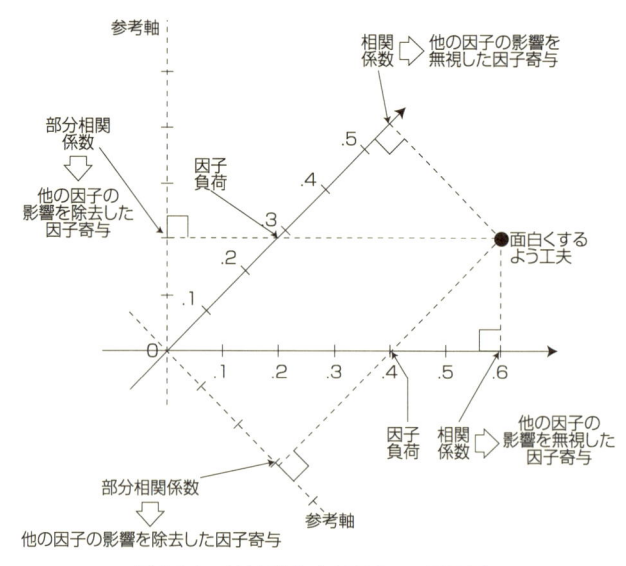

図 2.6.1　斜交回転における2つの因子寄与

2.6 因子寄与，因子寄与率，共通性，独自性

が，因子負荷の座標の延長線上になります（ここが，因子負荷と関係してなくはないということです）。この値は**部分相関係数**（半偏相関係数ともいいます）といわれ，この値を二乗和して計算していったのが，もう1つの因子寄与です。

　なぜ，こんなややこしいことになるかというと，斜交回転の場合，他の因子との相関があるためです。因子寄与というのは，各因子ごとに出すのですが，因子と因子の間に相関があると，単純に算出しようとすると，どうしても，他の因子との関係も含まれてしまうのです。そこで，その関係をどう扱うかということが問題となって，決め手となるやり方がないのです。そこで，2通りのやり方が存在しているのです。この2通りのやり方を整理しておきます。

■ **他の因子の影響を無視した因子寄与と他の因子の影響を除去した因子寄与**

　2つのやり方は，他の因子との関係をどう扱うかによって違いがあるのです。最初のやり方，つまり，相関係数から算出する方法は，**「他の因子の影響を無視した因子寄与」**と言えます。これは，相関係数を図から算出するやり方を考えてみるとわかると思います。当該の因子軸に垂線を下ろしたところが相関係数ですから，当該の質問項目と因子軸とがどう配置されているかどうかによって決まります。他の因子軸がどこにあるか，つまり，他の因子との相関がどうなっているかとは無関係に決まります。つまり，他の因子の影響を無視していることになります。一方，部分相関係数から算出したほうは，**「他の因子の影響を除去した因子寄与」**という言い方ができます。これも，図から考えるとわかりやすいと思います。他の因子と直角になっている参考軸を設けてそこに垂線を下ろした値から算出するわけですから，他の因子の影響をうまく調整していることになります。他の因子と平行に線を引いていることになりますから，他の因子からの影響を受けていないのです。一見すると，本来，当該の因子がどの程度寄与しているかを知るだけでいいのですから，この「他の因子の影響を除去した因子寄与」で十分なような気がしますが，そうではないのです。

　因子の間に相関があるため，当該の因子だけの影響というのは，もはや存在しなくなっているのです。「他の因子の影響を除去した因子寄与」では，他の因子からの影響というよりも，「他の因子への影響を除去した」というように言い換えたほうがわかりやすいかもしれません。因子の間に相関があるというのは，どちらかが原因でどちらかが結果といったようになっているわけではありません。相関なのですから，相互に関係をもっているのです。他の因子から影響を受けているというのは，言い換えると，こちらのほうからその因子へも影響を与えているということでもあるのです。その影響を除去してしまっていますから，本来は，もっと相関があるはずなのに，他の因子と相関している部分を取り除いてしまうので，値は小さくなってしまうのです。

　一方，「他の因子の影響を無視した因子寄与」の場合，他の因子から影響を受けて，影響力が高くなっているのに，あたかも自分の因子のおかげであるかのように計算してしまうことになるのです。他の因子からの影響の部分も組み入れてしまっているので，値とし

ては大きく出てしまうのです。因子間の相関は，持ちつ持たれつの関係なのです。「持ちつ持たれつ」の部分を捨ててしまうのが，「影響を除去した」ほうで，「持ちつ持たれつ」の部分まで組み入れてしまうのが，「影響を無視した」ほうになります。因子間の相関が高ければ高いほど，「影響を無視した」因子寄与は大きくなり，「影響を除去した」因子寄与は小さくなります。

 SPSSではこれらの違いは出力されませんので，SASの例（2.8節に掲載）で見てみましょう。122ページの"Reference Structure (Semipartial Correlations)"というのが部分相関の参考構造です。これをもとに計算したものが"Variance Explained by Each Factor Eliminating Other Factors"で，「他の因子の影響を除去した因子寄与」になります。その後に出力されているのが"Factor Structure (Correlations)"で，これが因子構造です。この値から算出された因子寄与が"Variance Explained by Each Factor Ignoring Other Factors"で，「他の因子の影響を無視した因子寄与」です。値を比較してもらうとわかりますが，前者のほうが圧倒的に数値が小さくなっています。これは，因子間の相関がかなり高いからです。

 ちょっと補足ですが，斜交回転をした場合，図2.6.1を見てもらうとわかるのですが，因子と項目との関係を表わすものとして，因子負荷，部分相関係数，相関係数の3つが算出されます。SPSSの場合は，因子パターン（因子負荷）と因子構造（相関係数）しか出力されませんが，SASの場合，これらが3つが出力されます。因子パターン（Rotated Factor Pattern；Standardized Regression Coefficients），参考構造（Reference Structure；Semipartial Correlations），因子構造（Factor Structure；Correlations）という形で出力されています（2.8節参照）。

■ 共通性は1つだけ

 最後になりましたが，共通性の話をしておきましょう。1章で述べましたように，各質問項目ごとに因子負荷の二乗和を算出すると共通性になります（忘れてしまった人は，もう一度1章を読み直してください）。しかし，斜交回転をしてしまうと，そのあたりの関係性が崩れてしまいます。因子寄与のところで今述べましたように，複雑な関係になってしまうのです。そうすると，またいろいろな算出方法を考えないといけないのかと不安に思われたかもしれません。ところが，共通性の場合，項目ごとに算出をするわけですから，因子間に相関があろうとなかろうと関係ありません。ちょっとわかりにくいかもしれませんが，共通性は，因子軸の原点からの距離の二乗になります。因子軸を回転するとき，原点を中心に回転しますから，軸をどのように回転しても，原点からの距離は変わりません。したがって，回転前の初期解が算出された段階で共通性は決まってしまい，後でどう回転しても変わりません。ただ，1章で述べたようなみごとな因子負荷との関係性はなくなってしまうというだけです。したがって，共通性は，因子寄与のように算出のしかたが複数あるわけではありませんので，心配はいりません。

2.6 因子寄与, 因子寄与率, 共通性, 独自性

■ **共通性推定の問題と因子分析の計算**

　ただし, ここでは, 共通性の推定の問題を少し考えておきたいと思います。共通性の推定の問題とは何だと思われたでしょう。因子分析の計算はどうやって行なわれるのかは, これまで何も説明しませんでしたが, 共通性をいくつにするのかということから計算は始まります。各質問項目は共通因子と独自因子で説明されるのですが, そのうち, どの程度が共通因子で占めているか, つまり, 共通性の値がいくつであるのかわからないと, 各因子に対する負荷量は計算できません。そこで, 因子分析の計算ではどうするかというと, とりあえず, 適当に共通性の値を推定しておいて, そこから因子負荷を計算してみます。でも, 最初の出発点の共通性が推定した値ですので, それを元に計算した因子負荷が正しい値という保証はありません。そこで, 今度は, その因子負荷から再び共通性を計算し直すのです。その計算し直した共通性と最初の出発点の共通性の値を比較します。この値が非常に近ければそれでよしとします。しかし, 異なった値であれば, 計算し直した共通性を出発点として, また因子負荷を計算します。そして, また出発点の共通性と計算し直した共通性を比較します。こうやって, 比較した値が近くなるまで繰り返し計算をしていきます（図2.6.2）。この最終結果が初期解です。2.3節のところで繰り返し計算をするという話が出てきましたが, 実はこういうことなのです。2.3節で因子分析の計算結果の出力例を示したと思いますが, 最初に出てきた共通性の出力（表2.3.2）は, 最初の出発点の共通性の初期値と, 計算を繰り返して最終的に計算された共通性の推定値が2つ書かれているのです。表2.3.2で確かめておきましょう。

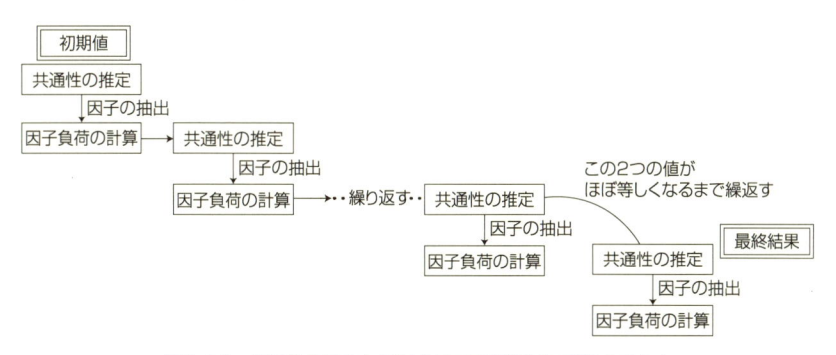

図2.6.2　共通性の推定と因子分析での繰り返し計算の考え方

　しかし, 今の説明で疑問に思ったことはないでしょうか。出発点の共通性から因子負荷を計算し, その因子負荷から再び共通性を計算し直したら, 元の出発点の共通性に戻るはずではないかという疑問です。その通りです。ある方程式を解いてその解答を検算しているように思えてしまいます。ところがちょっと違うのです。方程式はその作り方がまずいと, 答えが出てこないことになってしまいます。学校の教科書に出てくるような簡単な方程式の場合は, 方程式はきちんと答えが出るように作ることができます。しかし, 現実の

現象を表現したような複雑な方程式の場合，そうはいかないのです。作り方がまずいというのは，その式の中の係数や定数の定め方がまずいということです。それと同じようなことが因子分析の計算では生じるのです。共通性というのが方程式における定数だと考えてください。因子分析の場合，共通性を推定して行なうのですが，質問項目の数だけ共通性を推定しないといけません。よっぽどうまく共通性を定めないと，因子負荷の答えをきちんと出すことができません。そこで，もっとも相応しいと思われるだろうという負荷量の値を近似的にここでも推定するのです。そのやり方がいわゆる因子抽出法になります。そのため，因子分析をするときに，そのやり方を選択しないといけなかったわけです。

　因子分析の計算をするときには，次の4つの要素を考える必要があります。まず，質問紙などで得られたデータ，それから，因子の抽出法，因子数の決め方，そして，共通性の値なのです。出発点になる共通性をどんな値にしておくかということが，かなり計算の鍵を握るものなのです。これら4つの相性がうまくないと，途中で計算できなくなったりすることがあります。2.3節のところで，うまく計算できないということを説明しましたが，これらの関係性がうまくないために起きてしまうのです。どうすればうまくいくかと言いますと，まず，データは十分な数のデータを集めることが第一です。抽出したい因子の数の3～4倍以上の質問項目を用意し，質問項目数の5～10倍程度の人数での回答が必要でしょう。抽出法は，選択だけの問題で，2.3節で話しましたように，試行錯誤が必要でしょう。因子数は，質問項目作成の背景となった理論をもとに目安を決め，その後計算で得られた統計的な指標を参考に自分の解釈に合うように決めればいいでしょう。

　最後の共通性の問題ですが，これは，ある程度やり方が決まっています。重相関係数の平方を使うとか，相関の中の最大値を使うとか，値を1としてやってしまうとか，いくつかの方法があります。SPSSでは，選択の余地がなく，各因子抽出法に応じて適当に定めているようです（おそらく，重相関係数の平方を使っているのではないかと思います）。SASの場合，オプションで選択が可能です。ただし，SASの場合でも，特別な事情がない限り，それぞれの因子抽出法で定めてある既定値（デフォルト）にしたがっておくのが無難でしょう。ただし，1つ注意しなければならないのは，主因子法を行なうときに，何も指定しないままやってしまうと，因子分析ではなく，主成分分析になってしまいますので，オプションとして，重相関係数の平方などを使うべきでしょう（prios=smcといったオプションをつける）。

　共通性の推定問題といっても，コンピュータが勝手にやってくれるなら問題ないと思われたかもしれません。もちろん，そうなのですが，計算がうまくいかなかったときなどは，共通性の推定のことを意識せざるをえなくなるのです。繰り返し計算の打ち切りの基準になるのは，この共通性の値で判断されます。したがって，2.3節で繰り返し数の設定について述べましたが，その繰り返し数以内で計算できなかったといったケースは，共通性の推定がうまくいかなかったということでもあります。また，もう1つ問題なのは，**Heywood case**とか**超 Heywood case**と呼ばれるもので，共通性の値が1になってしま

ったり (Heywood case)，1を越えてしまったりする（超 Heywood case）という問題です。本来，共通性は最大で1です。しかも，共通性と独自性を足した合計で1になってしまうわけですから，共通性が1以上になると困るのです。独自性は，その質問項目がもっている独自因子の分散ですから，独自性が0になったり負になったりすることはありえない話なのです。繰り返し計算の中で，共通性を推定していくわけですが，初期値と最終推定値だけではなく，途中の繰り返し計算のときに，共通性が1を越えてしまうというのも問題なのです。そのような場合について，2.3節でも簡単に話をしましたが，そこではあまり詳しく話をしませんでした。SPSSの場合は警告だけですむのですが，SASの場合，共通性が1を越えてしまうようなことが生じると，そこで計算を打ち切ってしまいます（HEYWOODオプションで強制的に計算を続けることも可能）。

実は，因子分析の計算は，共通性をどのように定めるかの計算でもあります。それは同時に独自性をどう定めるかの問題でもあります。ある質問項目が，これから考えようとしている共通因子からどの程度影響を受けていると見積もるか，同時にその質問項目が独自の因子に影響を受けていると考えられるかをどの程度とするかということです。共通性の値が推定しなくてもはっきりとわかっていれば，繰り返し計算などをする必要はありません。因子抽出法さえ決まれば，初期解の因子負荷は一意に決まってしまうのです。でも，実際には推定しないといけないため，面倒なことになってしまうわけです。

2.7 ここまでくると因子分析が見えてくる～因子得点，尺度の信頼性そして論文での書き方まで

因子分析を行なうことによって，質問項目がどのような潜在因子によって影響を受けているのかを知ることができました。さて，それでは，その質問に回答した人は，いったい，それらの因子をどの程度強くもっているのでしょうか。わかりにくい言い方をしていますが，たとえば，1章で紹介した櫻井さんの論文では，介護負担感について因子分析をしたところ，"拘束感"，"限界感"，"対人葛藤"，"経済的負担"といった因子が抽出されました。ある人がこの質問紙に回答したときに，その回答結果から，拘束感や限界感，対人葛藤，経済的負担をそれぞれどの程度感じているのかがわかるのでしょうか。また，授業評価の例では，内容に関する因子や教員の努力因子といったものが見つかりましたが，この授業評価に回答した人の中でも，内容を高く評価した人，低く評価した人，あるいは，教員の努力を高く評価している人，低く評価している人などさまざまな人がいるはずです。それらの違いを数量的に表現するにはどうしたらいいのでしょうか。そのような数値表現として**因子得点**というものがあります。この節では因子得点に関して説明しますが，同時にそれに関わる因子分析の本質的な問題についても話をしていきたいと思います。

■ 因子ごとの点数

具体的に次のような例を見てみましょう。表2.7.1を見てください。この表は，20の質問項目でプロマックス回転を行なった結果（表2.5.10）の中で，因子負荷がどの因子に

対しても0.35に満たなかった4つの項目を削除し，再度因子分析を行なった結果です。削除した4つの項目は，「視聴覚教材は適切」，「参加しやすい雰囲気」，「テキストはうまく利用」，「面白くするよう工夫があった」です。やり直した因子分析は，これまでと同じように，重み付けのない最小二乗法で，因子は固有値1以上で採用し，プロマックス回転を行なっています。抽出された因子数は4つで，表2.7.1に示した通り，第1因子から順番に「内容」，「教員努力」，「声」，「対話性」としました。この表は，ある学生の授業評価の回答を左の欄に付加しています。そして，その横には，因子負荷から判断される関連のあると思われる因子を書いています。

それでは，この学生は，各因子に対してどの程度評価したと考えられるでしょうか。16の項目について，因子負荷とその回答値をながめていけば，だいたいの見当をつけることができます。しかし，すべての学生の回答を，こうやってひとつひとつながめていくわけにはいきません。各因子に対して何らかの数値で示してもらえるほうがわかりやすいでしょう。もっとも単純なやりかたは，その因子に関連があると考えられた質問項目に回答した回答値を合計するというやり方です。そうやって計算した値を表2.7.1では各因子の下に示しました。因子1から順に16，21，12，13という値がそれです。1章でも述べましたように，このやり方ですと，質問項目によって因子負荷が異なっていることを無視してしまうことになります。そこで，因子負荷の違いを反映するような計算をすべきだということになります。

表2.7.1 ある回答者の回答例，因子ごとの回答の合計値，因子得点

項目	回答値	関わっていると判断した因子	因子負荷 因子1 内容	因子2 教員努力	因子3 声	因子4 対話性
面白かった	5	因子1	**.867**	.070	-.149	-.136
ためになった	4	因子1	**.789**	-.070	-.078	.028
理解しやすかった	4	因子1	**.747**	-.019	.083	-.050
進み具合は適切だった	3	因子1	**.498**	.086	.051	.085
教員は内容理解していた	4	因子2	-.067	**.706**	.187	-.100
教員に熱意がある	4	因子2	.106	**.591**	.023	.011
静粛を保つ配慮があった	4	因子2	-.016	**.584**	-.244	.086
教員の準備が十分	4	因子2	-.017	**.501**	.114	.052
配布資料は適切	5	因子2	.256	**.397**	.114	-.043
声は適切	4	因子3	-.037	-.101	**.840**	-.006
マイクは適切	4	因子3	-.097	.062	**.716**	.005
しゃべる工夫あり	4	因子3	.303	.023	**.448**	.122
質問しやすい雰囲気	3	因子4	.065	.076	-.170	**.718**
黒板はうまく利用されていた	3	因子4	-.165	.152	.003	**.595**
黒板は適切	3	因子4	-.033	-.166	.176	**.483**
理解度に合った	4	因子4	.330	-.044	.095	**.372**
因子ごとの合計値			16	21	12	13
因子得点			0.347	-0.567	-0.569	0.212

因子負荷の違いを反映させるということであれば，それほど難しい話ではありません。因子負荷を重み付けの係数として計算していけばいいのです。因子に関連する項目の回答値を単純に合計するのではなく，因子負荷を重み付けとして乗じていって合算するという考え方です。たとえば，表2.7.1を見てみましょう。「面白かった」の項目の第1因子の負荷量は.867です。この学生のこの質問に対する回答「5」に，この.867を掛けるということです。これを他の項目でも同様に行なっていって，その値の合計を出すのです。そうすれば，因子負荷を考慮したことになります。確かに，このような考え方もあるでしょう。しかし，これは因子得点ではありません。

■ 因子分析とは？

因子得点とはどういうものであるかを理解するためには，因子分析の基本的な考え方を理解していないといけません。これまで因子分析の基本的な考え方を話していないわけではないのですが，ここで改めてきちんと整理しておきたいと思います。図2.7.1に因子分析のパス図を描いてみました。ここで，**パス図**とは，因子とか変数の因果関係などを図式的に描いていくものです。これまでにも描いてきたものではありますが，パス図の簡単な約束事を話しておきます。直接データをとることができる観測変数は四角で囲み，潜在変数を丸で囲みます。したがって，因子分析の場合，因子は丸で，質問項目のような観測変数は四角になります。一方向の矢印は因果関係を示し，両端に矢印がついている場合は共変動（ともに変化するが因果関係があるわけではない）を示します。ここに描いた図は，回転のところでとりあげた8項目で2因子の場合の図を描いています。

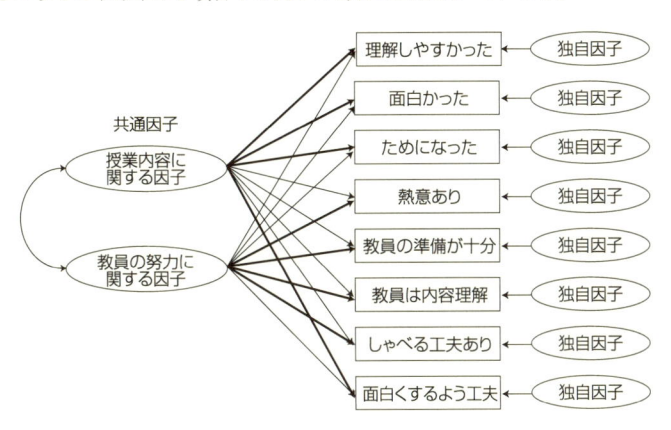

図2.7.1　因子分析のパス図

因子分析の基本的な考え方は，質問項目への回答が何に影響を受けているかを分解していくということです。分解されるものには，共通因子と独自因子があります。独自因子は，その質問項目独自のもので他の質問項目と共通部分がないものです。一方，共通因子は，他の質問項目と文字通り共通の要因をもつものです。そして，その共通因子は1つだけで

表 2.7.2　因子得点，因子負荷，回答値の関係の数値例

項目	回答	因子負荷(因子分析の結果)		因子得点(適当に推定した値)		負荷量×得点			合計
		共通因子1	共通因子2	共通因子1	共通因子2	共通因子1	共通因子2	独自因子	
理解しやすかった	4	0.680	0.086	4.3	3.6	2.924	0.310	0.777	4.011
面白かった	5	0.821	−0.054	4.3	3.6	3.530	−0.194	1.359	4.694
ためになった	4	0.774	−0.105	4.3	3.6	3.328	−0.378	1.119	4.070
教員に熱意がある	4	0.075	0.636	4.3	3.6	0.323	2.290	1.342	3.954
教員の準備が十分	4	−0.026	0.629	4.3	3.6	−0.112	2.264	1.737	3.890
教員は内容理解していた	4	−0.110	0.804	4.3	3.6	−0.473	2.894	1.474	3.895
しゃべる工夫あり	4	0.329	0.417	4.3	3.6	1.415	1.501	1.138	4.053
面白くするよう工夫があった	4	0.415	0.281	4.3	3.6	1.785	1.012	1.248	4.044

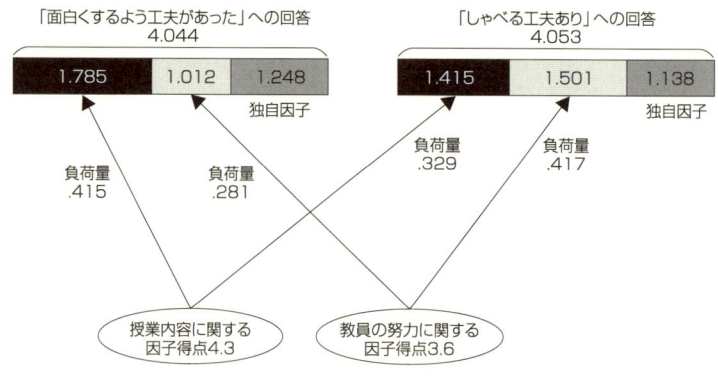

図 2.7.2　因子得点，因子負荷，回答値の図式表現

はなく，複数の共通因子があります．この図の場合は2つだけです．しかも，共通因子の間には相関を考えることもあります（斜交回転をする場合は相関があることになります）．

もう少し詳しく見ていきましょう．表2.7.2には，8項目の場合のある回答者の質問に対する回答結果を示しています．一番左の欄の値です．たとえば，一番下の「面白くするよう工夫があった」という質問には「4．そう思う」と回答しています．この「4」という回答の評定値が，因子分析の結果，どのように，授業内容に関する因子，教員の努力に関する因子，それと独自因子に分解されたのかを見ていきましょう．図2.7.2にその関係を図で表わしました．授業内容の因子の部分が1.785，教員の努力の因子の部分が1.012，独自因子の部分が1.248と分解され，合計すると4.044となります．ちょうど「4」にはなっていません．これは一致しなくてもよいのです．因子分析という統計手法を使った結果ですから，ちょうど一致するわけではありません．統計というのは確率的な手法ですから，確率的にもっとも近いようなところで値を決めているだけです．とりあえずは，「4」に近い値になっているということで，うまく因子分析によって，各因子に分解できていると考えておいてください．つまり，回答値4が授業内容の因子1.785，教員努力因子1.012，

独自因子1.248に分解されているのです。

さて，それは納得できたとして，この3つの数値はどこから来たのでしょう。それを今から説明します。図2.7.2をもう一度見てください。最初の授業内容の因子は，その因子得点が4.3，「面白くするよう工夫があった」という項目に対する因子負荷が.415，この2つの数値の積が1.785です。同様に，教員の努力に関する因子の因子得点3.6，因子負荷が.281で，その積が1.012です。

次に，因子得点ですが，これはどうやって算出されたものでしょうか。実は，とりあえず適当な値を勝手に決めただけだと考えてください。表2.7.2には因子得点も載せています。ここまでの段階で理解していただきたいのは，各共通因子の影響の部分は，その因子得点と因子負荷の積で表わされるということです。そして，因子負荷の計算をするのが因子分析で，すでにその計算は出てきているということです。図2.7.2でも表2.7.2でもその関係を示しています。図では，もう1つ別の項目「しゃべる工夫あり」についても描いています。表2.7.2の値と比べてください。表のほうには，他の質問項目の場合についても，因子得点と因子負荷を掛け合わせた値が書いてあります。ここで計算した共通因子の部分と独自因子の合計が最後の欄に書いてあります。

ちょっと複雑になったかもしれませんが，このあたりの話は，中村が「心理統計の技法」という本の中で，因子分析について書いた部分がありますので，それを参照してください。

■ 因子得点とは？

さて，問題は因子得点です。因子得点は，この場合，その因子に対しての授業評価がどの程度であるのかを表わしています。したがって，たとえば，第1因子の授業内容の因子得点というのは，その人が授業内容をどの程度評価しているかを示しています。ここでは，仮に4.3という値を考えました。授業内容について4.3ぐらいだと思っているこの人に対して，「面白くするよう工夫があった」かどうかという質問をされると，この4.3という因子得点が質問の回答に影響を与えるわけです。それは，先ほど説明しましたように，因子負荷（.415）を掛けて1.785という値になるわけです。因子得点がそのまま影響を与えるわけではなく，質問の内容によって，因子と質問との関係性（つまり因子負荷）に応じて影響の大きさが変わってきます。したがって，因子負荷を掛け合わせた値が回答に影響を与えると考えるわけです。同様に，教員努力については，因子得点3.6ですので，これに因子負荷の.283を掛けて1.012という値になります。独自因子も同じです。因子得点は，その因子の強さを表わしているといってもいいでしょう。そして，因子分析とは，この因子得点がどの程度であるのかを探るのが目的でもあるのです。もちろん，その前提としてどのような因子が存在するのかの分析が必要であり，それについてこれまで話をしてきたわけです。しかし，いったん因子の存在が明らかになると，各回答者が，それぞれの因子をどの程度強くもっていたかを知りたくなります。それを表わすのが因子得点です。

■ 因子分析のモデルとその計算

　因子分析とは，質問の回答が2つの部分から構成されていると考えます。2つとは，これまで述べてきたように，共通因子と独自因子です。そして，各共通因子は，その因子得点と因子負荷の積で表わされているのです。それを図2.7.3に示しました。そして，因子分析という計算は，その質問の回答をどんどん分解していくことであるのです。まず，共通性を推定することから始まりますが，同時に独自性を推定したことになりますから，共通因子と独自因子に分解することにあたります。そして，次は共通因子をいくつかの因子に分解します。これは因子の抽出によって初期解を求めることになります。そして，因子軸を回転して因子負荷を決めるのです。最後に因子得点の推定ということになります。その流れを次のように簡条書きにしてみました。

1. 共通因子と独自因子に分解：共通性の推定（同時に独自性も推定）
2. 共通因子を複数の因子に分解：因子の抽出
3. 因子負荷の算出：回転
4. 因子得点の推定

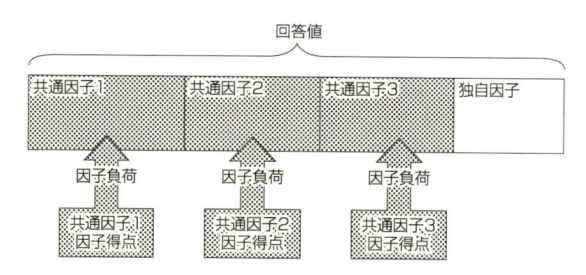

図2.7.3　因子分析のモデル

■ 因子得点の推定

　さて，いよいよ，因子得点が最後に算出されるわけです。因子得点は，各回答者別に算出されます。ひとりひとりの回答者に対して，第1因子得点○○点，第2因子得点○○点，…と算出されます。因子得点は，その因子得点の値と因子負荷との積の合計が質問の回答値になるようにすればよいのです。一見，簡単に算出されそうな気がします。ところが，そうは簡単にはいかないのです。共通因子の因子得点は，1人の回答者に対して，各因子別に出てきます。ということは，その因子得点は，1人の回答者のすべての質問に対する回答に共通に使われるのです。たとえば，表2.7.2を見てください。ここでは，質問項目が8つあります。そして，この表は1人の回答者の回答を示しています。ここに書いてある共通因子の因子得点は，8つの質問項目に対して，すべて同じものなのです。その値を使って，因子負荷と掛け算をし，その合計を算出することになります。その合計値が実際の回答値と同じになるように定めないといけないわけです。そうなるように，共通因子の因子得点を定めるには，よほど運がよくて，かつ，うまく値を定めない限り，その合計値

が実際の回答値と同じにはなりません。実際には，そのようにうまく値を定めることは無理です。したがって，できる限り実際の回答値に近いところで妥協しないといけません。つまり，推定値として考えることになります。

その推定値の決め方ですが，ここで問題になるのは，独自因子をどうするかということです。独自因子の部分は，質問項目ごとに文字通り独自に変化します。そうすると，これをどう定めておくかということが問題になります。独自因子の部分が決まれば，あとは共通因子の因子得点を最終合計値が実際の回答値に近い値になるように推定しておけばいいわけですから，独自因子をどう定めるかによって，共通因子の因子得点も大きな影響を受けます。表に示した値は，まったく適当に独自因子を定めています。どちらかというと，うまく回答値にあうようにインチキしていると考えていただいたほうがいいでしょう。これは，説明をわかりやすくするためで，実際にどの程度になるのかはわかりません。因子分析の目的（共通因子を探る）からすると，独自因子を推定することは意味がありません。

いずれにしても，因子得点というのは，因子負荷と同様に，きちんとした答えがないのです。ただし，因子負荷のときのように因子の解釈に都合がいい答えを探し出すといったようなことをする必要はありません。推定のしかたがいく通りかあるだけです。その推定の方法をコンピュータで指定すればよいわけです。

■ **コンピュータで因子得点を計算させる～手順⑤**

それでは，実際に因子得点を統計パッケージを使って計算してみましょう（図2.7.4～図2.7.6）。ここでは，20項目全部ではなく，表2.7.1に示したように，4つの項目を削除して行なった因子分析の場合で，因子得点を計算させてみましょう。変数の指定のしかたが変わっていることをよく見てください。

【SPSSの場合】

1．得点ダイアログを開く。

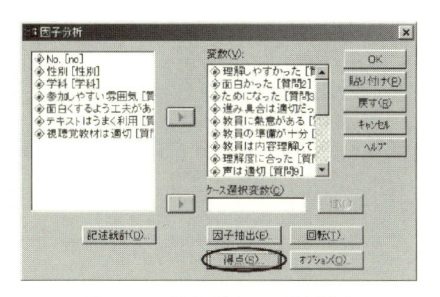

図2.7.4　得点ダイアログを開く

2．「変数として保存」をチェック

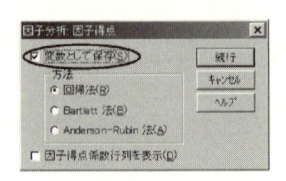

図2.7.5　変数として保存にチェック

3．計算の方法を指定

特別の理由がない限り，「回帰法（R）」でかまわない。

【SAS の場合】

オプションに「score」を指定し，同時に，因子得点出力先のデータセット名を指定。

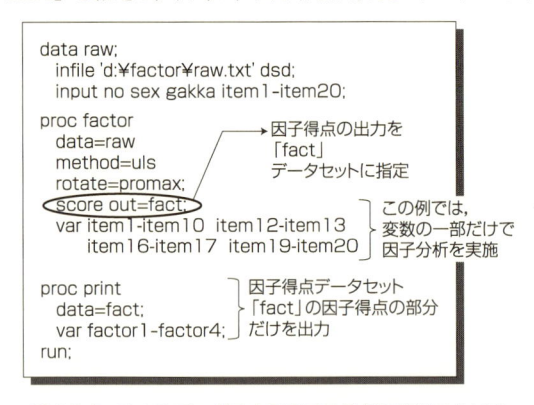

```
data raw;
    infile 'd:¥factor¥raw.txt' dsd;
    input no sex gakka item1-item20;
proc factor
    data=raw            →因子得点の出力を
    method=uls           「fact」
    rotate=promax;       データセットに指定
    score out=fact;
    var item1-item10 item12-item13     この例では，
        item16-item17 item19-item20     変数の一部だけで
                                        因子分析を実施
proc print
    data=fact;          因子得点データセット
    var factor1-factor4;「fact」の因子得点の部分
run;                     だけを出力
```

図2.7.6　SAS プログラムでの因子得点の算出のさせ方

■ 因子分析では標準化

　SPSS で行なった場合，データビューに戻って，データの表を見ます（図2.7.7）と，新たに変数が作られていて，そこに因子得点が計算されているのがわかります。fac1_1, fac2_1, fac3_1, fac4_1という変数が，4つの因子の因子得点です。文字 "fac" の次の数字が因子の番号を表わしています。末尾に "_1" と数字がついているのは，何回も因子得点を計算していった場合，この数字が "_2"，"_3" と増えていくようになっているのです。これで，各回答者の各因子得点がわかります。

　この値を見ると，先ほど因子得点の説明をしたときの例として示した値とはかなり違う値になっていることに気づかれたことでしょう。説明をするときには，わかりやすい数値で説明をしましたが，実際の因子得点は，**標準化**された値になります。標準化とは，平均0標準偏差1という形にデータを変換したものです。したがって，先ほどの説明のところで示した4とか3といった因子得点になることはまずありません。標準化されると，一見

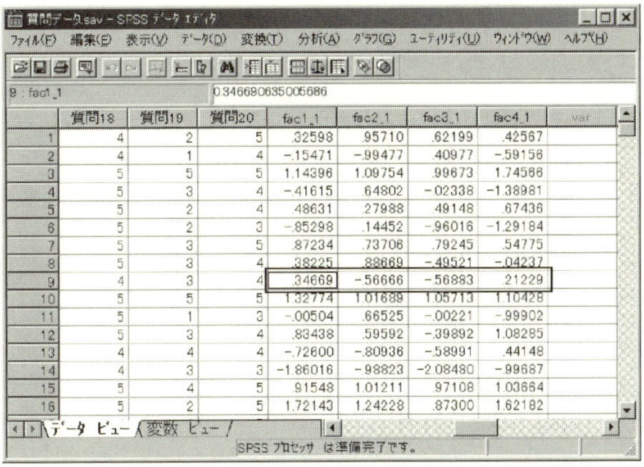

2.7 ここまでくると因子分析が見えてくる

図2.7.7 SPSSでの因子得点の算出結果

するとわかりにくいようですが，他の因子や他の回答者との比較をする場合には標準化されているほうが便利です。表2.7.1では，因子得点を下の欄に示しています。これは，図2.7.7の9番目の人の値です。これを単なる合計値と比較してみましょう。たとえば，第4因子の回答値の合計は13点となっています。13点という点数が低いのか高いのかはこの数値を見ただけではわかりません。4つの合計が13点ですから，平均で3点あまりと考えると，他の回答値での4とか5と比較すると，低いのは明らかです。だからといって，この回答者が他の回答者に比べ第4因子で評価が低いわけではありません。じつは，他の回答者も同じように低い評価をしているのです。それは，因子得点を見るとわかります。因子得点では，0.212という数値です。平均が0で標準偏差が1の場合の0.212ですから，むしろこれは高いほうであることになります。一方，第2因子の合計値をみると，5つで21点で，平均では4点程度で低くないようですが，因子得点では−0.567とかなり低い値になっています。つまり，この回答者は第2因子はかなり低く評価しているのです。こうやって，標準化した因子得点を見ることによって，その人の回答の特徴が見えてきます。単純な合計値ではそれがわからなくなってしまいます。

■ 因子得点の重み付け係数を推定

因子得点は，表2.7.2や図2.7.2に示しましたように，各回答値に共通して関わっています。そして，その関わりの度合いが因子負荷という値で示されているのです。因子得点を推定していくには，逆に各回答値が因子得点にどのように関わっていくのか逆算していくものだとイメージしてください。「因子得点→各回答値」の関わりを因子負荷という重み付けで計算していったのとは逆に，因子得点の推定は，「各回答値→因子得点」という関わりを何らかの重みづけで表わすことができればよいのです。各回答値は，実際のデータとしてわかっているわけですから，その重み付けさえ推定できれば因子得点の推定ができ

ることになります。その因子得点の**重み付け係数**を求めるのが因子得点の推定になります。

実際にその計算がどのようになされるかを表 2.7.3 に示しました。項目が多いと表が大きくなりますので，ここでは，また 8 項目の場合で示しました。回答値（標準化されたものを使う）と重み付け係数を乗じていって因子ごとの合計を算出したのが因子得点になります。これで，「各回答値→因子得点」に重み付け係数が関わっていることがわかると思います。

統計パッケージでは，因子得点を計算するときに，因子得点のための重み付け係数を出力させることができます。SPSS では，オプションによって，重み付け係数を出力させることができます（得点のダイアログで「因子得点重み付け係数行列の出力」にチェックを入れる）。SAS でも，重み付け係数をファイルに落とすことができますので，そのファイルの内容を出力すれば係数がわかります。

繰り返すようですが，ここでの重み付け係数は，因子負荷とは異なります。因子得点を

表 2.7.3　回答値，因子得点の重み付け係数，因子得点

	回答値	標準化された回答値	重みづけ係数		標準化された回答値×重みづけ係数	
			因子 1	因子 2	因子 1	因子 2
理解しやすかった	4	0.246	0.247	0.085	0.061	0.021
面白かった	5	0.978	0.354	0.035	0.346	0.034
ためになった	4	0.310	0.244	0.009	0.076	0.003
教員に熱意がある	4	−0.500	0.062	0.251	−0.031	−0.125
教員の準備が十分	4	−0.493	0.027	0.202	−0.013	−0.100
教員は内容理解していた	4	−1.004	0.007	0.348	−0.007	−0.350
しゃべる工夫あり	4	−0.110	0.142	0.176	−0.016	−0.019
面白くするよう工夫があった	4	−0.038	0.125	0.124	−0.005	−0.005
因子得点（縦の合計）					0.411	−0.541

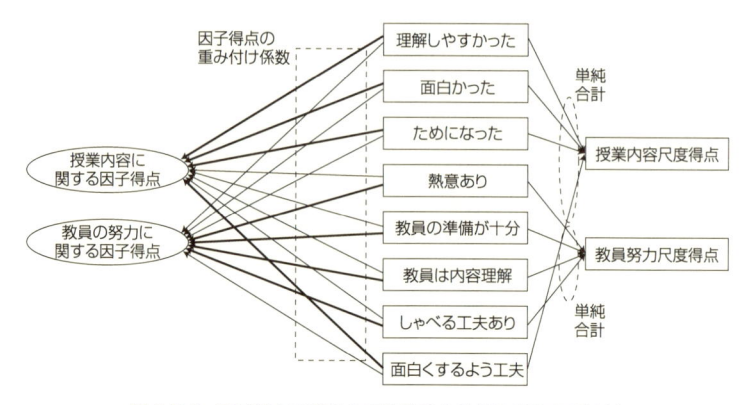

図 2.7.8　因子得点の算出と回答値の合計値の考え方の比較

2.7 ここまでくると因子分析が見えてくる

出すための重み付け係数です。このあたりのところをきちんと整理するために，図2.7.8を描きました。この図では，因子得点算出の概念を示しています。この図では，各質問項目から因子得点のほうに矢印が伸びています。通常の因子分析の図とは逆向きです。各質問項目の回答値から，潜在的に存在している因子得点を推定しようということがわかると思います。一方，一般的によく利用される各因子の回答値の合計は，新たな合成変数を作り出すという考え方です。それもあわせて図に描きましたが，利用目的は同じであっても，その算出の考え方は正反対であるのです。

回答値の単純合計をとることの問題

　因子得点の算出は，ちょっと面倒なのです。すべての質問項目に因子得点のための重みづけ係数を掛けていかないといけません。しかも，標準化（平均0，標準偏差1）をしておかないといけません。さらに，因子得点も標準化した値であるわけで，実際の質問項目の回答の値とはかなり異なった数値で出てきますから，その解釈をするときも，ちょっとややこしくなります。それに対し，各項目の単純合計をとるのは，とても簡単です。そのようなことを何も考えなくてよいのですから。しかし，ここでちょっと問題が出てきます。

　問題は，どの質問項目がどの因子に関わるものであるかどうかをどう判断するかということです。まず，当該の因子の影響が高く，他の因子の影響が少なくなければなりません。そのためには，ある値以上の因子負荷を示していないといけません。因子負荷が0.3以上とか0.4以上といった値をその目安にすることが多いようです。そのため，その基準に満たない項目は削除してしまうことになってしまいます。表2.7.1では，0.35に満たなかった4つの項目「視聴覚教材は適切」，「参加しやすい雰囲気」，「テキストはうまく利用」，「面白くするよう工夫があった」は事前に削除してしまっています。ただし，このような削除は単純合計をする目的だけで行なってはいけません。項目の内容として削除すべきかどうかの判断をした上で削除する必要があります。機械的に基準に満たなかったから削除するというのではいけません。

　さらに，複数の因子で高い因子負荷になっている場合も単純合計を出すときには困ります。このような項目では，回答が2つの因子に関わっていることになりますから，その回答結果をどう評価すべきかが複雑になってしまいます。そのため，このような項目も削除することになります。表2.7.1ではそのような項目はありませんが，最初に因子分析をした表2.5.10では，「しゃべる工夫あり」と「質問しやすい雰囲気」の2つが複数の因子に高い負荷量を示していました。場合によっては，これら2つを削除して再度因子分析をするということもあったかもしれません。この場合も，因子負荷が低い項目を削除するときと同じで，ただ機械的に削除するのではなく，質問の工夫によって，特定の因子に負荷量が高くなるようにできないのかどうかの吟味をすべきでしょう。

　こうやって，最終的に特定の因子だけに高い負荷量を示した質問項目だけを選んだ結果，この時点で，ある程度以上の質問項目が確保されていないといけません。当該の因子だけに因子負荷が高くなっていたとしても，他の因子の影響がまったくないわけではありませ

ん。単純合計したときに，他の因子からの影響が誤差として考えてもいいという形にならないといけません。たとえば，表2.7.1の第3因子の場合，「声は適切」，「マイクは適切」，「しゃべる工夫あり」の3つの項目から成り立っています。しかし，「しゃべる工夫あり」の場合，第1因子の因子負荷が0.303もあります。第3因子の項目の数がもっとたくさんあれば，その中のわずか1つの項目となってしまい，ほとんど誤差として無視してもよいということになるでしょうが，3つしかない場合にそれを無視できるかどうかということになるのです。この「しゃべる工夫あり」は，もともと最初の因子分析で複数の因子で高い負荷量を示していたものですから，その時点で削除すべきだったという議論もあるかもしれません。あるいは，質問の尋ね方がよくなかったのかもしれません。しかし，多かれ少なかれ，単純合計をするときには他の因子の影響が少なからず入ってしまい，それを無視していいのかどうかは考えておく必要があるでしょう。

　理想的には，質問項目をよく吟味して，特定の因子だけに負荷量が高くなるにようにすべきなのかもしれません。それだけ質問項目の吟味は大切だということにもなります。その後で，単純構造をめざすことになるわけです。

■ 単純構造でないといけないのか

　質問項目が特定の因子だけで高くなるようにすることを因子分析では**単純構造**といいます。因子分析をする場合，単純構造になるようにすることがよくあります。しかし，単純構造をめざすことを優先させて，質問項目を取捨選択してしまうことは注意しなければなりません。よく考えてみると，因子分析はもともとある質問項目が複数の共通の因子から影響を受けているという仮定をしているわけです。したがって，単純構造を目指すことは，本来の因子分析の仮定からはずれているともいえるのです。単純構造は，複数の共通因子からの影響でははなく，どれか1つの因子だけから影響を受けるような形にしようとします。もちろん，因子分析の結果，単純構造になるということが保証されればそれでかまわないのでしょう。そうなるように質問項目を工夫していった結果として出てくることに問題はありません。ただし，そうやって取捨選択した質問項目が優れているわけではありません。単純に1つの潜在的因子だけからしか影響を受けないような質問項目をそんなにうまく作ることが可能なのでしょうか。そのようなことができるのであれば，誰も苦労しないのです。そもそも，1つの尺度を複数の質問項目から構成させようというのも，1つの質問だけからは引き出せないということが前提になっているわけです。いろいろな質問をしないと，1つの尺度を評価できないということなのです。いろいろ質問をするということは，ある1つの尺度に共通の部分ではない部分が少なからずあるということです。それが他の共通因子であったり，独自因子であったりします。

　質問項目の中には，その質問を行なうことによって，2つの因子の回答をうまく引き出せるというようなことがあってもいいはずです。たとえば，授業評価の例の中の「配布資料は適切」といった質問では，教員努力の因子に高い負荷量を示していますが，内容の因子からの影響も受けています。配布資料は，教員が準備するものであり，さらにそれが内

容に影響を与えるのは当然です。配布資料がどうであったかは授業評価としては尋ねたい質問であり，回答者も評価しやすい項目でしょう。回答者が答えやすく，うまく回答を引き出せるように質問を作ったと思っても，その回答には，複数の共通因子が関わってしまうと，複数の因子に負荷量が高いため，削除する運命になってしまうのです。

このような問題は，後での尺度値の計算をやりやすくすることを優先させてしまうために生じてくることです。簡単な計算で尺度値を計算できるようにしておくためには，どうしても，単純構造で，かつ，1つの因子にある程度の数の質問項目が高い因子負荷をもっていないとだめになってしまうのです。しかし，本来，因子分析はそうであったのでしょうか。因子分析はあくまでも，質問項目には独自因子と複数の共通因子が影響を及ぼすということを考えていたはずです。

単純構造をめざすあまり，機械的に，因子負荷が低い項目を削除したり，複数の因子に因子負荷が高い項目を削除したりすることは注意しなければなりません。そのような項目が存在していることは，ここで述べたような理由があることを忘れてはいけません。ただ，削除するのではなく，そのような項目がなぜ出てきたのかを十分に吟味する必要があるのです。

■ 尺度の信頼性

因子分析の利用目的の中で，かなり多いのが新しく質問紙を構成する場合です。因子分析をすることによって，質問紙尺度の中にどのような因子が存在するかがわかり，そのためにどのような質問項目を設ければよいのかがわかります。1章で紹介したものも，そういったものでした。このような場合，一般に因子分析をした後に，信頼性の指標として**クローンバックの α 係数**を算出することがあるようです。クローンバックの α 係数は，直接因子分析とは関係ないことですが，因子分析とセットで算出することが多いようですので，最後に話をしておきます。

クローンバックの α 係数とは，**信頼性**を計算する尺度です。それでは，信頼性とは何でしょうか。質問紙尺度は，それがうまくできたかどうかを示すために，信頼性と妥当性を検討する必要があります。信頼性と一言でいっても，いろいろな信頼性があるのですが，基本的には，その尺度でいつも同じ計測が安定してできるかということです。たとえば，授業内容について尋ねている質問で「理解しやすかった」といった質問がありますが，この質問でいつも同じ回答が得られるかどうかということが信頼性です。**妥当性**は，目的とする内容をほんとうに計測できているかどうかということです。たとえば，「面白かった」という質問をしていますが，授業が面白かったかどうかを尋ねているのに，先生が面白かったということの回答になってしまっていると，これは，妥当性はないということになります。

質問項目をきちんと吟味していないと，作成者の意図とは違うように受け取られたり，よく内容がわからないで，いい加減な回答になったりすることがあります。そうすると，それが妥当性や信頼性に影響を及ぼしたりするわけです。そこで，作成した質問紙が信頼

性や妥当性を十分満たしているかどうかチェックする必要があるわけです。その中で，信頼性の指標としてとられるのに，クローンバックの α 係数というのがあります。

　質問紙の中の質問紙尺度は一般に複数の質問項目から構成されています。同じ尺度内の項目は，同一の尺度（因子）に関する質問項目であるわけですから，ほぼどの項目でも同じような回答がなされるはずです。たとえば，授業評価の場合，プロマックス回転の結果，第1因子に授業の内容というのがありました。これを仮に質問紙の1つの尺度であるとすると，「面白かった」，「理解しやすかった」，「ためになった」，「進み具合は適切だった」の4つが教員努力尺度の質問項目ということになります。これらは，同じ尺度の中では同じような回答をしているはずです。それがほんとうにそうなのかどうかを数量的に表わそうというのが，クローンバックの α 係数です。信頼性にもいろいろあって，この場合，同じ尺度の中で同じような回答がなされているかどうかを示すものですから，内的整合性とか内的一貫性を示す指標であるという言い方もなされます。その計算を，実際に統計パッケージで行なってみましょう（図2.7.9～図2.7.12）。

【SPSSの場合】
1．「分析」メニュー→「尺度」→「信頼性分析」を選ぶ

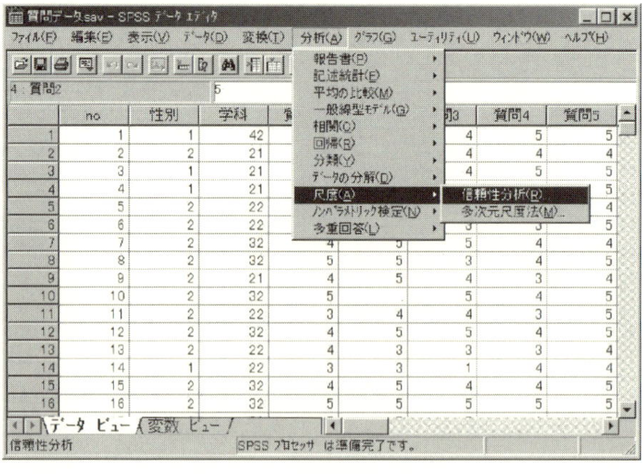

図2.7.9　信頼性分析の選択

2．質問項目を選択
　ここでは，内容に関する因子に関わる項目として4つの質問項目を選択
3．「モデル（M）」に「アルファ」を選択
4．「OK」を押して実行

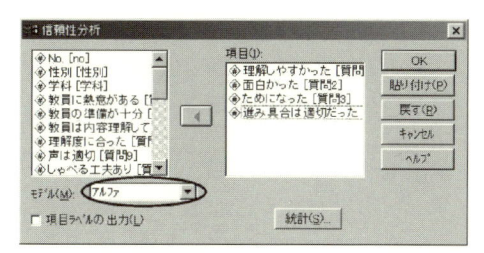

2.7 ここまでくると因子分析が見えてくる

図2.7.10 質問項目の選択とクローンバック α 係数の選択

【SAS の場合】

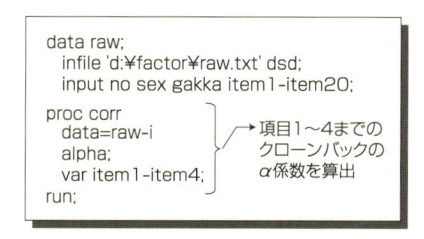

```
data raw;
   infile 'd:¥factor¥raw.txt' dsd;
   input no sex gakka item1-item20;
proc corr
   data=raw-i
   alpha;
   var item1-item4;
run;
```
→ 項目1～4までの
クローンバックの
α係数を算出

図2.7.11　クローンバックの α 係数を算出する SAS のプログラム例

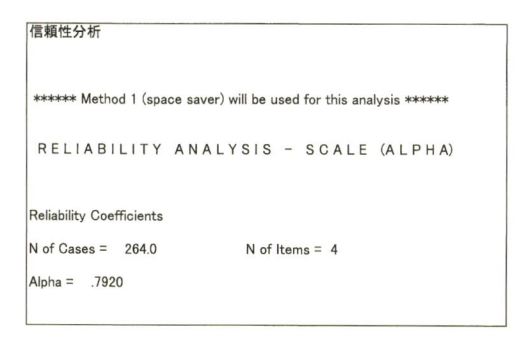

```
信頼性分析

****** Method 1 (space saver) will be used for this analysis ******

RELIABILITY  ANALYSIS  -  SCALE  (ALPHA)


Reliability Coefficients
N of Cases =   264.0            N of Items =  4
Alpha =    .7920
```

図2.7.12　クローンバック α 係数の出力結果（SPSS の場合）

　図2.7.12に出力結果を示しました。この場合，α係数は.7920ということがわかります。これは，因子1の場合について行ないましたが，同様の手順を因子2（尺度2）の場合についても行ない，尺度2の場合の α 係数を出力することができます。

■ クローンバックの α 係数を算出することの意味

　質問紙尺度を構成した場合，常套手段のようにクローンバックの α 係数を算出します。ただし，因子分析を行なって，その因子の中の尺度の中でクローンバックの α 係数を出すことがどれほど意味があることなのでしょうか。因子分析を行なった場合，同じ尺度（因

子）内の項目とされたものは，相関がかなり高いために同じ因子に対して高い負荷量が出ているわけです。そこで，さらにクローンバックの α 係数をとって高い値が出ないわけはないのです。クローンバックの α 係数を出したからといって，さらに信頼性が高まったわけではありません。クローンバックの α 係数は，項目数が多くなれば高くなり，項目数が少なくても項目間の相関が高ければ，高くなります。もちろん，クローンバックの α 係数をとることがむだというわけではありません。指標として示すことは大切だと思います。しかし，ほとんどの場合，すでに因子分析を行なった時点である程度信頼性は確保されているのであって，確認のために行なう程度の意味しかないでしょう。

因子分析を行ない，さらにクローンバックの α 係数を算出すると，統計的に保証された質問紙尺度ができたように錯覚してしまいます。もちろん，信頼性という点では十分なのでしょうが，妥当性の点は何も保証されているわけではありません。統計的手法を使ったときに，すべてがうまくいったと考えてしまわないようにすることが大切です。信頼性の陰に隠れて，妥当性の保証がおろそかにされてしまってはいけません。

■ 論文での書き方

ここまでのところで，一通り，因子分析のしかたを説明してきました。最後に，実際に因子分析を行なったときに，どのような形で論文などに書けばよいのかを話しておきます。因子分析を行なったときには，次の点を記述する必要があります。

- ・因子抽出法に何を使ったか
- ・因子数はどうやって決めたか
    - 最小固有値で決める
    - スクリープロットによる
    - 因子寄与で決める
    - 解釈可能性で決める
- ・回転法は何を使ったか
- ・因子名はどうやって決めたか
- ・項目の削除など
    - 因子負荷や共通性の基準など
- ・因子負荷の表や因子間の相関の表

ここで示した授業評価の場合を例として，記述例を示してみました。例1は，探索的に因子を探った結果をそのまま書いたもので，表 2.5.10 に示した因子負荷を出した結果に対する記述例です。例2は，質問紙尺度を構成する目的で行なったという想定で書いたもので，表 2.7.1 の因子負荷の結果に対する記述です。いずれの場合でも，本来は，もっと試行錯誤的に因子分析を行なわないといけません。とりあえず，ここまで出てきた結果で書くとしたらこうなるという例を示したにすぎませんので，その点は注意をしてください。

（例1）
20項目の質問項目を用いて因子分析を行なった。因子の抽出には重み付けのない最小二乗法を用いた。

因子数は，固有値1以上の基準を設け，さらに因子の解釈の可能性も考慮して5因子とした。プロマックス回転を行なった結果の因子パターンを表○に示した。なお，因子間相関は，表○のようになった。第1因子は，「面白かった」，「理解しやすかった」などに対して負荷量が高く，「内容」に関する因子とした。第2因子は，「教員は内容を理解していた」，「教員の準備が十分」などで負荷量が高く，「教員の努力」に関する因子とした。第3因子は，「マイクは適切」，「声は適切」などで負荷量が高く，「声」に関する因子とした。第4因子は，「黒板は適切」，「質問しやすい雰囲気」などで負荷量が高く，「対話性」に関する因子とした。第5因子は，「しゃべる工夫あり」や「理解度に合った」で負荷量が高く，「しゃべり方」に関する因子とした。

(例2)
20項目の質問項目を用いて因子分析（重み付けのない最小二乗法，スクリープロットにより因子数を決定，プロマックス回転）を行なった。ただし，各項目のうち，因子負荷が0.35に満たなかった4項目を削除し，再度，因子分析を行なった。重み付けのない最小二乗法を用い，因子を抽出した。因子数はスクリープロットにより判断し4因子とし，プロマックス回転を行なった。その因子負荷を表○に示した。第1因子は，「面白かった」，「ためになった」などに対して負荷量が高く，「内容」に関する因子とした。第2因子は，「教員は内容を理解していた」，「教員に熱意がある」などで負荷量が高く，「教員の努力」に関する因子とした。第3因子は，「声は適切」，「マイクは適切」などで負荷量が高く，「声」に関する因子とした。第4因子は，「質問しやすい雰囲気」，「黒板はうまく利用されていた」などで負荷量が高く，「対話性」に関する因子とした。4つの因子の間の相関は，表○に示した。

　因子抽出法と回転法については，なぜその方法を選択したのかは，特別のことがない限り説明する必要はないでしょう。それは，1章で説明しましたように，コンピュータを使った実験を行なったとき，なぜそのコンピュータを利用したのかは，読み手には必要でないと感じるように，因子抽出法や回転法で，なぜこの方法を選択したのかをこまかく書く必要がないということです。ただし，1章のところで触れましたが，因子抽出法や回転法は，実験でどんなコンピュータを使ったかということ以上に重要度が高いということは，これまでのところを読んで，わかっていただけたでしょうか。

　因子数の決め方については，どのような基準で行なったかは必要でしょう。ただし，どの基準でないといけないということがあるわけではありません。自分が決めた基準がどれであったかを明確に示すことができればそれでかまわないと思います。何度も言っているようですが，そこでの基準は数学的な基準よりも，因子として成立するかどうかになります。たとえ，数学的な基準で因子として認められたとしても，因子としての解釈上問題があるのならば，その因子は捨てるべきでしょう。

　因子名の決め方については，因子負荷の値を見たときに，皆が納得するような説明をしておけばよいでしょう。因子名の決め方には数学的な基準があるわけではありませんので，自分が考えたことを素直に表現すればよいのです。分析前から自分が考えていた因子にとらわれてしまうと，偏った判断になってしまいかねませんので，その点は注意しましょう。

　質問紙尺度構成の場合などで項目を削除した場合，因子負荷の数値上の基準を示す必要があります。以下のような基準を示す必要があるでしょう。

・どの因子に対しても負荷量がある値に満たない項目を削除した場合，その基準とした負

荷量
・複数の因子に対して負荷量がある値を超えた項目を削除した場合，その基準とした負荷量
・ある因子に関わる項目が少なかった場合にそれらの項目を削除した場合，その項目数
・共通性が小さい項目を削除した場合，その基準とした共通性の値

　因子負荷については，その数値をすべて掲載するようにしましょう。その際，わかりやすいように，因子に関連のある項目をまとめ，項目に関連があるとみなした基準を超えた負荷量の数値を太字で書くなど工夫するとよいでしょう。本書では，表 2.5.10 に示したような形式にすることが望ましいと思います。また，共通性の値は，それを削除基準とした場合は書くべきでしょう。因子寄与の値は，直交回転の場合は表の中に記入することもいいと思いますが，斜交回転の場合は記入する必要はないでしょう。

　最後に，論文の書き方として整理をしましたが，本書をここまで読んで理解された方ならば，どのようなことを書くべきかおのずとわかっておられるのではないかと思います。

2.8 統計パッケージ出力例

　最後に，SPSS と SAS の出力例をまとめとして示しました。

2.8.1　SPSS 出力例

　SPSS BASE for Windows 10.1.3J を使って行なったものです。なお，新しいバージョンの 11.0J でも同じような結果になります。下記のような設定で行なった実行結果です。なお，表の出力は見やすいように，列の幅を変更したり，小数の表示を変更しています。

● 因子分析
　　変数は20個
　　因子抽出法：重み付けのない最小二乗法
　　回転：プロマックス
　　因子得点：変数として保存（回帰法），因子得点係数行列を表示。
　　ここでは，5 因子のまま行なった結果を示しています。
　　上記以外はデフォルト（既定値）のまま実行
● 信頼性分析
　　変数は 4 個
　　特に指定せずに，モデルをアルファとして実行

[2].[8] 統計パッケージ出力例

因子分析

共通性の推定

共通性

	初期	因子抽出後
理解しやすかった	.516	.581
面白かった	.530	.625
ためになった	.462	.499
進み具合は適切だった	.388	.414
教員に熱意がある	.389	.439
教員の準備が十分	.373	.374
教員は内容理解していた	.463	.495
理解度に合った	.443	.482
声は適切	.452	.546
しゃべる工夫あり	.576	.704
参加しやすい雰囲気	.424	.379
質問しやすい雰囲気	.419	.583
静粛を保つ配慮があった	.259	.253
面白くするよう工夫があった	.439	.446
テキストはうまく利用	.344	.309
配布資料は適切	.463	.495
黒板はうまく利用されていた	.287	.360
視聴覚教材は適切	.364	.351
黒板は適切	.287	.353
マイクは適切	.476	.602

因子抽出法: 重みなし最小二乗法

固有値と因子寄与

説明された分散の合計

因子	初期の固有値 合計	分散の %	累積 %	抽出後の負荷量平方和 合計	分散の %	累積 %	回転後 合計
1	6.786	33.932	33.932	6.274	31.372	31.372	5.169
2	1.587	7.937	41.869	1.095	5.476	36.849	4.804
3	1.340	6.702	48.570	.802	4.012	40.861	3.376
4	1.153	5.767	54.338	.597	2.987	43.847	2.031
5	1.014	5.071	59.408	.521	2.607	46.455	3.509
6	.922	4.608	64.016				
7	.802	4.010	68.026				
8	.798	3.991	72.017				
9	.714	3.571	75.588				
10	.603	3.017	78.604				
11	.570	2.848	81.453				
12	.536	2.680	84.133				
13	.533	2.664	86.797				
14	.491	2.454	89.251				
15	.469	2.345	91.596				
16	.406	2.030	93.625				
17	.384	1.918	95.544				
18	.344	1.722	97.266				
19	.296	1.478	98.743				
20	.251	1.257	100.000				

因子抽出法: 重みなし最小二乗法
a. 因子が相関する場合は、負荷量平方和を加算しても総分散を得ることはできません。

- 回転前の因子寄与（相関行列の対角要素に共通性を代入して算出）
- プロマックス回転後の因子寄与（他の因子の影響を無視した因子寄与）
- 因子数は固有値が1以上で決定（相関係数行列を用いて算出）

2章　因子分析を自分でする

初期解の因子パターン（因子負荷）

因子行列 [a]

	因子				
	1	2	3	4	5
理解しやすかった	.688	.098	-.109	-.211	.202
面白かった	.653	.181	-.319	-.191	.171
ためになった	.605	.238	-.112	-.197	.155
進み具合は適切だった	.620	.122	-.064	-.100	-.016
教員に熱意がある	.595	-.125	-.154	.165	-.135
教員の準備が十分	.531	-.175	-.085	.220	-.079
教員は内容理解していた	.581	-.321	-.116	.196	-.055
理解度に合った	.594	.271	.140	-.080	-.173
声は適切	.496	-.386	.303	-.201	-.135
しゃべる工夫あり	.726	-.073	.159	-.240	-.299
参加しやすい雰囲気	.592	.037	-.096	.050	-.123
質問しやすい雰囲気	.481	.488	.212	.192	-.180
静粛を保つ配慮があった	.344	.010	-.211	.295	-.060
面白くするよう工夫があった	.631	.038	-.137	-.057	-.156
テキストはうまく利用	.524	.067	.117	.030	.122
配布資料は適切	.631	-.156	-.096	.125	.219
黒板はうまく利用されていた	.377	.220	.274	.287	.107
視聴覚教材は適切	.522	-.188	-.046	.106	.175
黒板は適切	.283	.208	.410	.083	.233
マイクは適切	.510	-.456	.324	-.050	.165

因子抽出法: 重みなし最小二乗法
a. 5個の因子が抽出されました。6回の反復が必要です。

プロマックス回転後の因子パターン（因子負荷）

パターン行列 [a]

	因子				
	1	2	3	4	5
理解しやすかった	.747	-.070	.066	.014	.038
面白かった	.867	.050	-.185	-.112	.016
ためになった	.730	-.120	-.075	.049	.115
進み具合は適切だった	.416	.071	.017	.014	.238
教員に熱意がある	.009	.575	.028	-.069	.152
教員の準備が十分	-.088	.582	.089	.007	.068
教員は内容理解していた	-.075	.642	.205	-.073	-.007
理解度に合った	.189	-.055	.040	.166	.515
声は適切	-.121	-.073	.741	-.049	.271
しゃべる工夫あり	.108	-.038	.428	-.089	.586
参加しやすい雰囲気	.158	.330	-.010	-.015	.255
質問しやすい雰囲気	-.056	.105	-.221	.438	.534
静粛を保つ配慮があった	-.044	.610	-.232	.019	.010
面白くするよう工夫があった	.273	.247	.009	-.111	.311
テキストはうまく利用	.231	.065	.134	.242	.078
配布資料は適切	.304	.409	.131	.097	-.179
黒板はうまく利用されていた	-.107	.172	-.006	.535	.104
視聴覚教材は適切	.195	.347	.183	.078	-.155
黒板は適切	.054	-.221	.181	.565	.045
マイクは適切	-.047	.038	.760	.149	-.089

因子抽出法: 重みなし最小二乗法
回転法: Kaiserの正規化を伴うプロマックス法
a. 9回の反復で回転が収束しました。

2.8 統計パッケージ出力例

プロマックス回転後の因子構造（相関係数）

構造行列

	因子				
	1	2	3	4	5
理解しやすかった	.759	.504	.425	.308	.424
面白かった	.770	.517	.271	.212	.416
ためになった	.688	.409	.273	.316	.439
進み具合は適切だった	.605	.482	.337	.270	.500
教員に熱意がある	.474	.647	.381	.161	.413
教員の準備が十分	.397	.605	.387	.188	.318
教員は内容理解していた	.440	.678	.508	.132	.287
理解度に合った	.509	.388	.277	.378	.648
声は適切	.334	.367	.702	.098	.359
しゃべる工夫あり	.578	.520	.605	.190	.716
参加しやすい雰囲気	.510	.548	.321	.220	.485
質問しやすい雰囲気	.358	.328	.036	.561	.619
静粛を保つ配慮があった	.270	.461	.091	.149	.214
面白くするよう工夫があった	.570	.551	.350	.163	.542
テキストはうまく利用	.481	.410	.355	.400	.337
配布資料は適切	.597	.639	.485	.316	.237
黒板はうまく利用されていた	.273	.308	.163	.575	.279
視聴覚教材は適切	.476	.535	.448	.251	.182
黒板は適切	.240	.113	.204	.565	.182
マイクは適切	.381	.433	.761	.259	.153

因子抽出法: 重みなし最小二乗法
回転法: Kaiser の正規化を伴うプロマックス法

因子間の相関

因子相関行列

因子	1	2	3	4	5
1	1.000	.689	.514	.391	.531
2	.689	1.000	.556	.308	.466
3	.514	.556	1.000	.187	.271
4	.391	.308	.187	1.000	.287
5	.531	.466	.271	.287	1.000

因子抽出法: 重みなし最小二乗法
回転法: Kaiser の正規化を伴うプロマックス法

指数表示を変える

SPSSでは，数値が指数形式で見にくいところがあります。これを変えるには次のようにします。出力結果の表をダブルクリックし，数値部分をドラッグします。メニューから「書式」－「セルプロパティ」を選択し，ダイアログの「値」－「書式」で「#, ###. ##」を選んで，小数桁を「3」にします。

> 因子得点の重みづけ係数

因子得点係数行列

	因子				
	1	2	3	4	5
理解しやすかった	.237	.003	.066	.056	-.011
面白かった	.303	.063	-.040	-.058	.029
ためになった	.181	-.012	-.016	.064	.021
進み具合は適切だった	.101	.043	.005	.017	.093
教員に熱意がある	.017	.185	.016	-.037	.052
教員の準備が十分	.010	.157	.055	.001	.024
教員は内容理解していた	.003	.240	.084	-.028	-.020
理解度に合った	.049	-.012	-.006	.084	.202
声は適切	-.022	-.004	.276	-.067	.085
しゃべる工夫あり	.056	-.002	.220	-.155	.418
参加しやすい雰囲気	.034	.108	-.003	-.008	.071
質問しやすい雰囲気	-.017	.043	-.166	.320	.305
静粛を保つ配慮があった	.004	.128	-.048	.002	.020
面白くするよう工夫があった	.058	.090	-.004	-.074	.114
テキストはうまく利用	.065	.022	.048	.121	-.009
配布資料は適切	.117	.184	.084	.100	-.114
黒板はうまく利用されていた	.005	.054	.001	.296	.002
視聴覚教材は適切	.070	.111	.082	.059	-.049
黒板は適切	.018	-.049	.036	.305	-.018
マイクは適切	.047	.048	.399	.120	-.142

因子抽出法: 重みなし最小二乗法
回転法: Kaiser の正規化を伴うプロマックス法
因子得点の計算方法: 回帰法

因子得点共分散行列

因子	1	2	3	4	5
1	2.522	2.397	2.593	1.887	2.632
2	2.397	2.366	2.314	1.798	2.742
3	2.593	2.314	2.964	1.981	2.738
4	1.887	1.798	1.981	2.114	2.735
5	2.632	2.742	2.738	2.735	4.027

因子抽出法: 重みなし最小二乗法
回転法: Kaiser の正規化を伴うプロマックス法
因子得点の計算方法: 回帰法

> **Excel で利用する**
> 出力結果の表を「コピー」し，Excel に「形式を選択して貼り付け」で「Biff」を選択すると，数値データを Excel で利用できます。

信頼性分析

> クローンバックのα係数

```
****** Method 1 (space saver) will be used for this analysis ******

        R E L I A B I L I T Y   A N A L Y S I S   -   S C A L E   (A L P H A)

        Reliability Coefficients

        N of Cases =     264.0              N of Items =  4

        Alpha =    .7920
```

2.8.2 SAS 出力例

　SAS プログラムは下記のプログラムを SAS for Windows Ver8.2 を利用して実行した場合の出力結果です。SPSS の出力結果と同じようにするために，因子の数を 5，プロマックス回転のときのパラメータ（べき乗）を 4 と指定しています。また，本に掲載するために，options で桁数の制限を設けています。出力では，表題や一部の空行などは省略しています。

　なお，因子得点の算出は，SAS の場合も項目を絞らずに行なっています。

```
(実行プログラム)
data raw;
  infile 'd:\raw.txt' dsd;         ┐ プログラム①
  input no sex gakka item1-item20; │ データセットの作成
  options linesize=66 pagesize=80; ┘ →画面出力はなし

proc factor
  data=raw
  method=uls                       ┐ プログラム②
  power=4                          │ 因子分析
  n=5                              │   抽出法：重み付けのない最小二乗法
  rotate=promax                    │   因子数：5
  score out=fact;                  │   回転：プロマックス回転（べき乗4）
  var item1-item20;                ┘   因子得点の出力指定

proc print
  data=fact;                       ┐ プログラム③
  var factor1-factor5;             ┘ 因子得点の出力

proc corr
  data=raw                         ┐ プログラム④
  alpha;                           │ クローンバックのα係数の算出
  var item1-item4;                 ┘

run;
```

> プログラム②

The FACTOR Procedure
Initial Factor Method : Unweighted Least Squares

> 共通性の初期推定

Prior Communality Estimates : SMC

item1	item2	item3	item4	item5
0.51592592	0.53020819	0.46245625	0.38845630	0.38866678
item6	item7	item8	item9	item10
0.37282336	0.46292158	0.44263801	0.45192932	0.57642514
item11	item12	item13	item14	item15
0.42440337	0.41934635	0.25873506	0.43860571	0.34376362
item16	item17	item18	item19	item20
0.46314615	0.28652050	0.36436110	0.28721584	0.47561193

> 固有値の計算

ここでの固有値は，値が1以上で因子数を決定する基準
としては使えない。

Preliminary Eigenvalues : Total = 8.35416049 Average = 0.41770802

	Eigenvalue	Difference	Proportion	Cumulative
1	6.22706720	5.21918283	0.7454	0.7454
2	1.00788437	0.27948997	0.1206	0.8660
3	0.72839440	0.18928030	0.0872	0.9532
4	0.53911410	0.07791346	0.0645	1.0178
5	0.46120064	0.15570281	0.0552	1.0730
6	0.30549782	0.10096690	0.0366	1.1095
7	0.20453092	0.05211633	0.0245	1.1340
8	0.15241459	0.04456484	0.0182	1.1523
9	0.10784975	0.08717184	0.0129	1.1652
10	0.02067791	0.03360512	0.0025	1.1676
11	-0.01292722	0.00590029	-0.0015	1.1661
12	-0.01882751	0.04248272	-0.0023	1.1638
13	-0.06131023	0.00867037	-0.0073	1.1565
14	-0.06998059	0.02812321	-0.0084	1.1481
15	-0.09810380	0.03857285	-0.0117	1.1364
16	-0.13667666	0.05961840	-0.0164	1.1200
17	-0.19629505	0.04452202	-0.0235	1.0965
18	-0.24081707	0.01719259	-0.0288	1.0677
19	-0.25800967	0.04951374	-0.0309	1.0368
20	-0.30752341		-0.0368	1.0000

5 factors will be retained by the NFACTOR criterion.

2.6 統計パッケージ出力例

繰り返し計算

Iteration	Criterion	Ridge	Change	Communalities		
1	0.2056711	0.0000	0.1649	0.56973	0.61497	0.50906
				0.41469	0.43514	0.37722
				0.49386	0.47210	0.54319
				0.69827	0.38774	0.58421
				0.24856	0.44868	0.32080
				0.51929	0.36446	0.34257
				0.32272	0.59601	
2	0.2052267	0.0000	0.0208	0.57836	0.62446	0.50037
				0.41421	0.43840	0.37569
				0.49540	0.48025	0.54444
				0.70373	0.38185	0.58393
				0.25279	0.44647	0.31249
				0.50027	0.35701	0.35134
				0.34354	0.60124	
3	0.2051923	0.0000	0.0071	0.58017	0.62645	0.49854
				0.41404	0.43908	0.37449
				0.49499	0.48138	0.54433
				0.70596	0.37928	0.58432
				0.25326	0.44576	0.30965
				0.49614	0.35799	0.35163
				0.35065	0.60254	
4	0.2051891	0.0000	0.0025	0.58069	0.62693	0.49799
				0.41401	0.43919	0.37417
				0.49485	0.48174	0.54431
				0.70623	0.37862	0.58406
				0.25348	0.44562	0.30882
				0.49494	0.35838	0.35171
				0.35314	0.60276	
5	0.2051888	0.0000	0.0008	0.58085	0.62706	0.49783
				0.41400	0.43921	0.37407
				0.49480	0.48184	0.54431
				0.70627	0.37843	0.58396
				0.25355	0.44559	0.30857
				0.49458	0.35854	0.35170
				0.35393	0.60283	

Convergence criterion satisfied.

Eigenvalues of the Reduced Correlation Matrix :
Total =　9.2919256　Average =　0.46459628

	Eigenvalue	Difference	Proportion	Cumulative
1	6.27456524	5.17932027	0.6753	0.6753
2	1.09524497	0.29245421	0.1179	0.7931
3	0.80279076	0.20542948	0.0864	0.8795
4	0.59736128	0.07539752	0.0643	0.9438
5	0.52196376	0.20760493	0.0562	1.0000
6	0.31435883	0.07459618	0.0338	1.0338
7	0.23976265	0.06419819	0.0258	1.0596
8	0.17556446	0.02713424	0.0189	1.0785
9	0.14843022	0.09927884	0.0160	1.0945
10	0.04915138	0.00673335	0.0053	1.0998
11	0.04241803	0.01202074	0.0046	1.1044
12	0.03039729	0.02858903	0.0033	1.1076
13	0.00180826	0.01077595	0.0002	1.1078
14	-0.00896769	0.04264047	-0.0010	1.1069
15	-0.05160816	0.04391124	-0.0056	1.1013
16	-0.09551940	0.06671927	-0.0103	1.0910
17	-0.16223868	0.02800475	-0.0175	1.0736
18	-0.19024343	0.05396234	-0.0205	1.0531
19	-0.24420577	0.00490265	-0.0263	1.0268
20	-0.24910842		-0.0268	1.0000

2章 因子分析を自分でする

【初期解の因子パターン（因子負荷）】

Factor Pattern

	Factor1	Factor2	Factor3	Factor4	Factor5
item1	0.68840	0.09789	-0.10924	-0.21110	0.20223
item2	0.65279	0.18089	-0.32000	-0.19054	0.17179
item3	0.60510	0.23767	-0.11250	-0.19619	0.15501
item4	0.62041	0.12146	-0.06422	-0.09971	-0.01643
item5	0.59543	-0.12474	-0.15420	0.16480	-0.13485
item6	0.53082	-0.17468	-0.08513	0.21978	-0.07879
item7	0.58065	-0.32074	-0.11523	0.19619	-0.05470
item8	0.59391	0.27069	0.14013	-0.07977	-0.17279
item9	0.49593	-0.38559	0.30236	-0.20060	-0.13426
item10	0.72646	-0.07284	0.15894	-0.24089	-0.29989
item11	0.59185	0.03664	-0.09557	0.05052	-0.12275
item12	0.48077	0.48842	0.21175	0.19268	-0.17974
item13	0.34365	0.00939	-0.21098	0.29526	-0.06075
item14	0.63078	0.03818	-0.13732	-0.05742	-0.15522
item15	0.52406	0.06710	0.11698	0.02970	0.12170
item16	0.63056	-0.15572	-0.09592	0.12548	0.21843
item17	0.37654	0.22002	0.27386	0.28628	0.10698
item18	0.52178	-0.18816	-0.04635	0.10603	0.17508
item19	0.28298	0.20852	0.41068	0.08332	0.23425
item20	0.50975	-0.45608	0.32408	-0.05050	0.16554

【因子寄与】

Variance Explained by Each Factor

Factor1	Factor2	Factor3	Factor4	Factor5
6.2745652	1.0952450	0.8027908	0.5973613	0.5219638

【因子抽出後の共通性】

Final Communality Estimates : Total = 9.291926

item1	item2	item3	item4	item5
0.58087548	0.62706984	0.49780574	0.41399819	0.43921837

item6	item7	item8	item9	item10
0.37404361	0.49478784	0.48186122	0.54431208	0.70626828

item11	item12	item13	item14	item15
0.37838259	0.58396296	0.25356381	0.44559017	0.30851632

item16	item17	item18	item19	item20
0.49451869	0.35858442	0.35169474	0.35403328	0.60283838

2.8 統計パッケージ出力例

【事前回転でバリマックス回転を行なう】

The FACTOR Procedure
Prerotation Method : Varimax

Orthogonal Transformation Matrix

	1	2	3	4	5
1	0.59084	0.53218	0.38993	0.31209	0.34387
2	0.29957	-0.29470	-0.70839	0.46868	0.31926
3	-0.38504	-0.41399	0.50098	0.63625	0.15673
4	-0.50250	0.66487	-0.30342	0.41659	-0.19958
5	0.40050	-0.12847	0.05556	0.32339	-0.84583

【バリマックス回転後の因子パターン（因子負荷）】

Rotated Factor Pattern

	Factor1	Factor2	Factor3	Factor4	Factor5
item1	0.66520	0.21639	0.21964	0.16868	0.12193
item2	0.72764	0.27781	0.03345	0.06109	0.12480
item3	0.63270	0.14820	0.07936	0.19706	0.17437
item4	0.47120	0.25678	0.15304	0.16284	0.27585
item5	0.23699	0.54437	0.18579	0.05430	0.22193
item6	0.15208	0.52546	0.21701	0.09571	0.13621
item7	0.17086	0.58870	0.33333	0.02162	0.08632
item8	0.34893	0.14744	0.12463	0.31227	0.47468
item9	0.10811	0.13626	0.67141	0.03945	0.24842
item10	0.34715	0.22063	0.47092	0.09638	0.55319
item11	0.32292	0.39309	0.13480	0.12243	0.29398
item12	0.18003	0.17545	-0.12090	0.53583	0.46802
item13	0.11439	0.47157	-0.07132	0.08078	0.08056
item14	0.40369	0.36305	0.15892	0.05327	0.35033
item15	0.31851	0.21480	0.21316	0.32116	0.11110
item16	0.38728	0.47654	0.28219	0.18569	-0.05772
item17	0.08193	0.19877	0.04724	0.54873	0.09503
item18	0.28661	0.40032	0.29108	0.14595	-0.05716
item19	0.12349	-0.05556	0.15610	0.55781	0.01348
item20	0.13145	0.21667	0.70873	0.18403	-0.04947

【バリマックス回転後の因子寄与】

Variance Explained by Each Factor

Factor1	Factor2	Factor3	Factor4	Factor5
2.6422904	2.2824102	1.7617105	1.3349740	1.2705410

因子抽出後の共通性

Final Communality Estimates : Total = 9.291926

item1	item2	item3	item4	item5
0.58087548	0.62706984	0.49780574	0.41399819	0.43921837

item6	item7	item8	item9	item10
0.37404361	0.49478784	0.48186122	0.54431208	0.70626828

item11	item12	item13	item14	item15
0.37838259	0.58396296	0.25356381	0.44559017	0.30851632

item16	item17	item18	item19	item20
0.49451869	0.35858442	0.35169474	0.35403328	0.60283838

Scoring Coefficients Estimated by Regression

Squared Multiple Correlations of the Variables with Each Factor

Factor1	Factor2	Factor3	Factor4	Factor5
0.71736183	0.65074064	0.72399562	0.61434613	0.62007311

バリマックス回転後の因子得点の重みづけ係数

Standardized Scoring Coefficients

	Factor1	Factor2	Factor3	Factor4	Factor5
item1	0.31277	-0.10417	0.03124	0.01362	-0.10794
item2	0.42095	-0.01595	-0.12086	-0.12441	-0.07022
item3	0.24951	-0.08693	-0.05149	0.03519	-0.04997
item4	0.10909	0.00439	-0.02403	0.00031	0.06719
item5	-0.05804	0.24091	-0.03366	-0.05508	0.04225
item6	-0.06645	0.19621	0.01995	-0.01220	0.00721
item7	-0.10779	0.31452	0.03302	-0.05007	-0.04499
item8	0.03426	-0.07027	-0.01232	0.09285	0.20699
item9	-0.08492	-0.07732	0.33248	-0.05712	0.11846
item10	0.00925	-0.13814	0.26226	-0.14866	0.50770
item11	-0.00500	0.12784	-0.03875	-0.01933	0.06053
item12	-0.10480	0.04009	-0.21025	0.35570	0.30323
item13	-0.04151	0.18549	-0.09262	-0.00881	0.00828
item14	0.04365	0.09159	-0.03719	-0.09025	0.11747
item15	0.05134	-0.01281	0.03583	0.11357	-0.05825
item16	0.06625	0.19977	0.02349	0.06145	-0.21353
item17	-0.06996	0.05175	-0.02102	0.30633	-0.06007
item18	0.03020	0.10963	0.05208	0.03842	-0.10505
item19	-0.01422	-0.10292	0.04581	0.32409	-0.07996
item20	-0.04206	-0.04110	0.44896	0.11094	-0.21346

プロマックス回転

The FACTOR Procedure
Rotation Method : Promax (power=4)
Target Matrix for Procrustean Transformation

	Factor1	Factor2	Factor3	Factor4	Factor5
item1	0.81394	0.00845	0.00993	0.00311	0.00300
item2	1.00000	0.01969	0.00000	0.00005	0.00282
item3	0.90704	0.00253	0.00023	0.00788	0.01706
item4	0.40343	0.03298	0.00461	0.00531	0.15451
item5	0.02294	0.59182	0.00890	0.00006	0.05751
item6	0.00536	0.70845	0.02283	0.00078	0.01125
item7	0.00488	0.63786	0.07263	0.00000	0.00104
item8	0.08955	0.00265	0.00150	0.05302	1.00000
item9	0.00065	0.00151	0.98794	0.00001	0.05878
item10	0.04084	0.00618	0.14201	0.00022	0.85861
item11	0.10653	0.21683	0.00332	0.00203	0.23859
item12	0.00432	0.00361	-0.00090	0.31295	0.64344
item13	0.00374	1.00000	-0.00058	0.00086	0.00300
item14	0.18762	0.11376	0.00463	0.00005	0.34693
item15	0.15167	0.02908	0.03124	0.14471	0.00732
item16	0.12903	0.27417	0.03735	0.00629	-0.00021
item17	0.00049	0.01578	0.00006	0.91286	0.00290
item18	0.07652	0.26995	0.08360	0.00475	-0.00039
item19	0.00260	-0.00010	0.00682	1.00000	0.00000
item20	0.00115	0.00789	1.00000	0.00409	-0.00008

Procrustean Transformation Matrix

	1	2	3	4	5
1	1.47294134	-0.4329075	-0.2074486	-0.2327718	-0.1556103
2	-0.38677	1.41639384	-0.2595969	-0.0888234	-0.1942038
3	-0.1971905	-0.2827936	1.17725547	-0.0288308	0.01948644
4	-0.2003628	-0.0855119	0.01393701	1.35000477	0.07104433
5	-0.3673028	-0.1087544	-0.0040493	-0.235515	1.44195684

Normalized Oblique Transformation Matrix

	1	2	3	4	5
1	0.38465756	0.31712717	0.20308821	0.11329329	0.27150657
2	0.46668464	-0.4130912	-0.8216852	0.41957587	0.40312833
3	-0.6664878	-0.6200846	0.79242147	0.73330982	0.34625372
4	-0.9142155	1.20638233	-0.4227137	0.53080182	-0.2589238
5	0.84368528	-0.3005498	0.02382098	0.43368081	-1.0134037

因子間の相関

Inter-Factor Correlations

	Factor1	Factor2	Factor3	Factor4	Factor5
Factor1	1.00000	0.68918	0.51296	0.39073	0.53131
Factor2	0.68918	1.00000	0.55517	0.30811	0.46751
Factor3	0.51296	0.55517	1.00000	0.18621	0.27098
Factor4	0.39073	0.30811	0.18621	1.00000	0.28847
Factor5	0.53131	0.46751	0.27098	0.28847	1.00000

プロマックス回転後の因子パターン（因子負荷）

Rotated Factor Pattern (Standardized Regression Coefficients)

	Factor1	Factor2	Factor3	Factor4	Factor5
item1	0.74691	-0.06984	0.06686	0.01461	0.03826
item2	0.86793	0.04922	-0.18500	-0.11144	0.01460
item3	0.72879	-0.11979	-0.07493	0.04886	0.11486
item4	0.41542	0.07105	0.01707	0.01411	0.23764
item5	0.00916	0.57531	0.02836	-0.06896	0.15197
item6	-0.08800	0.58211	0.08909	0.00691	0.06717
item7	-0.07504	0.64120	0.20593	-0.07288	-0.00692
item8	0.18853	-0.05467	0.03884	0.16634	0.51465
item9	-0.12060	-0.07258	0.73875	-0.04858	0.27190
item10	0.10673	-0.03857	0.42802	-0.08963	0.58919
item11	0.15871	0.32966	-0.00991	-0.01407	0.25368
item12	-0.05606	0.10587	-0.22163	0.43900	0.53301
item13	-0.04400	0.61038	-0.23137	0.01854	0.00915
item14	0.27351	0.24680	0.00849	-0.11102	0.31127
item15	0.23046	0.06519	0.13433	0.24185	0.07882
item16	0.30338	0.40950	0.13216	0.09710	-0.17864
item17	-0.10647	0.17192	-0.00577	0.53415	0.10322
item18	0.19456	0.34723	0.18319	0.07838	-0.15511
item19	0.05392	-0.22093	0.18192	0.56652	0.04412
item20	-0.04692	0.03842	0.76038	0.14903	-0.08793

Reference Axis Correlations

	Factor1	Factor2	Factor3	Factor4	Factor5
Factor1	1.00000	-0.44509	-0.22527	-0.21955	-0.30096
Factor2	-0.44509	1.00000	-0.33015	-0.05059	-0.16954
Factor3	-0.22527	-0.33015	1.00000	0.03355	0.05623
Factor4	-0.21955	-0.05059	0.03355	1.00000	-0.09347
Factor5	-0.30096	-0.16954	0.05623	-0.09347	1.00000

プロマックス回転後の参考構造（部分相関係数）

Reference Structure (Semipartial Correlations)

	Factor1	Factor2	Factor3	Factor4	Factor5
item1	0.48645	-0.04707	0.05416	0.01335	0.03177
item2	0.56526	0.03317	-0.14987	-0.10188	0.01212
item3	0.47465	-0.08074	-0.06070	0.04467	0.09538
item4	0.27055	0.04789	0.01383	0.01290	0.19734
item5	0.00597	0.38775	0.02297	-0.06305	0.12620
item6	-0.05732	0.39233	0.07218	0.00632	0.05578
item7	-0.04887	0.43216	0.16683	-0.06663	-0.00574
item8	0.12279	-0.03684	0.03147	0.15207	0.42737
item9	-0.07854	-0.04892	0.59850	-0.04441	0.22579
item10	0.06951	-0.02599	0.34676	-0.08194	0.48927
item11	0.10336	0.22218	-0.00803	-0.01287	0.21066
item12	-0.03651	0.07136	-0.17955	0.40135	0.44261
item13	-0.02866	0.41139	-0.18744	0.01695	0.00760
item14	0.17813	0.16634	0.00688	-0.10149	0.25848
item15	0.15009	0.04394	0.10883	0.22111	0.06545
item16	0.19759	0.27600	0.10707	0.08877	-0.14834
item17	-0.06934	0.11587	-0.00467	0.48833	0.08571
item18	0.12672	0.23403	0.14841	0.07166	-0.12881
item19	0.03511	-0.14891	0.14738	0.51793	0.03664
item20	-0.03056	0.02589	0.61602	0.13625	-0.07302

他の因子の影響を除去した因子寄与

Variance Explained by Each Factor Eliminating Other Factors

Factor1	Factor2	Factor3	Factor4	Factor5
1.0156029	0.9281012	1.0563162	0.8120009	0.9053360

プロマックス回転後の因子構造（相関係数）

Factor Structure (Correlations)

	Factor1	Factor2	Factor3	Factor4	Factor5
item1	0.75910	0.50442	0.42430	0.30842	0.42478
item2	0.77117	0.51716	0.27074	0.21261	0.41647
item3	0.68792	0.40963	0.27263	0.31590	0.43986
item4	0.60491	0.48227	0.33663	0.27005	0.50027
item5	0.47400	0.64717	0.38079	0.16100	0.41360
item6	0.39726	0.60445	0.38661	0.18784	0.31869
item7	0.44035	0.67812	0.50797	0.13171	0.28777
item8	0.50922	0.38869	0.27564	0.37886	0.64777
item9	0.33381	0.36659	0.70123	0.09794	0.36007
item10	0.57773	0.52045	0.60433	0.18985	0.71799
item11	0.51010	0.54779	0.32063	0.22084	0.48538
item12	0.35794	0.32864	0.03457	0.56220	0.61930
item13	0.27008	0.46160	0.09086	0.14897	0.21378
item14	0.56996	0.55133	0.34949	0.16327	0.54225
item15	0.48067	0.40996	0.35513	0.39974	0.33791
item16	0.59642	0.63836	0.48480	0.31489	0.23782
item17	0.27260	0.30817	0.16249	0.57421	0.27954
item18	0.47605	0.53466	0.44833	0.25076	0.18285
item19	0.23977	0.11240	0.20437	0.56612	0.18220
item20	0.38111	0.43303	0.76156	0.25876	0.15414

他の因子の影響を無視した因子寄与

Variance Explained by Each Factor Ignoring Other Factors

Factor1	Factor2	Factor3	Factor4	Factor5
5.1675425	4.8043147	3.3710764	2.0334506	3.5159694

因子抽出後の共通性

Final Communality Estimates : Total=9.291926

item1	item2	item3	item4	item5
0.58087548	0.62706984	0.49780574	0.41399819	0.43921837

item6	item7	item8	item9	item10
0.37404361	0.49478784	0.48186122	0.54431208	0.70626828

item11	item12	item13	item14	item15
0.37838259	0.58396296	0.25356381	0.44559017	0.30851632

item16	item17	item18	item19	item20
0.49451869	0.35858442	0.35169474	0.35403328	0.60283838

Scoring Coefficients Estimated by Regression

Squared Multiple Correlations of the Variables with Each Factor

Factor1	Factor2	Factor3	Factor4	Factor5
0.86467045	0.81988750	0.80299648	0.65052336	0.77337971

プロマックス回転後の因子得点の重みづけ係数

Standardized Scoring Coefficients

	Factor1	Factor2	Factor3	Factor4	Factor5
item1	0.23682	0.00262	0.06605	0.05597	-0.01108
item2	0.30433	0.06316	-0.03975	-0.05791	0.02824
item3	0.17973	-0.01183	-0.01638	0.06413	0.02046
item4	0.10085	0.04279	0.00497	0.01686	0.09334
item5	0.01663	0.18514	0.01611	-0.03735	0.05150
item6	0.01052	0.15732	0.05488	0.00081	0.02369
item7	0.00262	0.23947	0.08382	-0.02786	-0.01970
item8	0.04883	-0.01127	-0.00629	0.08460	0.20142
item9	-0.02161	-0.00366	0.27319	-0.06636	0.08375
item10	0.05617	-0.00219	0.22061	-0.15632	0.42135
item11	0.03367	0.10824	-0.00306	-0.00734	0.06972
item12	-0.01650	0.04403	-0.16735	0.32150	0.30446
item13	0.00408	0.12815	-0.04765	0.00210	0.01989
item14	0.05770	0.09004	-0.00399	-0.07367	0.11295
item15	0.06455	0.02224	0.04810	0.12053	-0.00888
item16	0.11622	0.18306	0.08450	0.09876	-0.11325
item17	0.00497	0.05381	0.00124	0.29407	0.00153
item18	0.06977	0.11077	0.08264	0.05930	-0.04828
item19	0.01827	-0.04921	0.03609	0.30575	-0.01860
item20	0.04642	0.04819	0.40083	0.11945	-0.14188

プログラム③

因子得点

OBS	Factor1	Factor2	Factor3	Factor4	Factor5
1	0.19224	0.93003	0.38749	0.06322	0.73798
2	-0.27323	-0.78114	0.30209	-1.26645	0.76844
3	0.88977	1.12550	0.62539	1.17591	1.50651
4	-0.06003	0.68847	0.14459	-0.68759	-1.60789
5	0.43228	0.46017	0.28101	0.21579	1.11152
6	-0.70062	-0.19646	-0.75126	-0.35072	-1.69744

（途中省略）

259	1.45387	1.23135	0.79299	1.78245	1.27215
260	1.55936	1.29295	0.64540	2.37623	1.83989
261	-0.00999	-0.41342	-0.07118	-0.14759	-0.47620
262	-0.48124	-2.01323	0.69657	-0.49017	-0.85080
263	0.71221	-1.08416	0.41083	0.17738	0.88167
264	0.46179	0.95424	0.55478	0.56762	1.67230
265	1.12959	0.92772	0.75907	0.15494	1.02935

プログラム④

CORRプロシジャ

4 変数： item1　item2　item3　item4

要約統計量

変数	N	平均値	標準偏差	合計
item1	265	3.78113	0.89041	1002
item2	265	4.14340	0.87592	1098
item3	264	3.73106	0.86746	985.00000
item4	265	3.81509	0.87026	1011

要約統計量

変数	最小値	最大値
item1	1.00000	5.00000
item2	1.00000	5.00000
item3	1.00000	5.00000
item4	1.00000	5.00000

2章 因子分析を自分でする

クローンバックのα係数

Cronbachのα係数

変数	α係数
Raw	0.792830
Standardized	0.792832

変数を除いたときのα係数

削除した変数	生データ変数		標準化した変数	
	合計との相関係数	α係数	合計との相関係数	α係数
item1	0.631854	0.726476	0.631888	0.726653
item2	0.657764	0.713406	0.657026	0.713785
item3	0.621425	0.732077	0.622098	0.731613
item4	0.502664	0.789526	0.502864	0.789756

Pearsonの相関係数
帰無仮説 Rho=0 に対する Prob>|r|
標本数（N）

	item1	item2	item3	item4
item1	1.00000	0.59406	0.49868	0.43152
		<.0001	<.0001	<.0001
	265	265	264	265
item2	0.59406	1.00000	0.57518	0.40263
	<.0001		<.0001	<.0001
	265	265	264	265
item3	0.49868	0.57518	1.00000	0.43161
	<.0001	<.0001		<.0001
	264	264	264	264
item4	0.43152	0.40263	0.43161	1.00000
	<.0001	<.0001	<.0001	
	265	265	265	265

3章 因子分析の正しい使い方

あるデータをとったとき，あるいは，これからデータをとろうといったとき，そのデータでどのような分析ができるのかは，誰もが悩むところです。よくわからないけど，因子分析をやってみると何か出るのではないかと思ってしまいがちです。因子分析は他の多変量解析に比べると，とりあえずやってみるには，手軽な分析であるかもしれません。後で述べますが，多変量解析の中には，自分で変数の関係性を指定する必要があったりしますが，因子分析はその必要性がないだけお手軽なのかもしれません。しかし，お手軽だからといって，何でも因子分析をやればいいというわけではもちろんありません。因子分析は多変量解析の1つにすぎません。他にもたくさん多変量解析はあります。自分のデータにあった多変量解析をやらないといけません。この章では，他の多変量解析との違いを話すとともに，因子分析の落とし穴についても考えていきたいと思います。

なお，これまでデータ（厳密には観測変数）を質問項目という言い方で限定して使ってきましたが，質問紙以外のデータの場合も出てきます。したがって本章では，質問紙に限らず多数の変量（観測変数）でのデータは多変量解析の対象となりますので多変量データという言い方もあわせて使います。

3.1 どんなときに因子分析をしたらよいのか

3.1.1 主成分分析との違い

主成分分析と因子分析はよく似ていますが，基本的な考え方が異なるものです。因子分析は，多変量データに共通な潜在的な因子を探るものですが，**主成分分析**は，多変量データに共通な成分を探って，一種の合成変数を作り出すものです。因子分析が複数の因子で説明しようとするのに対し，主成分分析では，因子（主成分分析では主成分という）をできる限り少なくすることを目的としています。といわれても，まだよくわからないでしょう。

実際に，授業評価の例を使って主成分分析をしてみましょう。ただし，すべての項目ではなく，回転の説明で使った8項目だけで行なってみましょう。その結果を表3.1.1から表3.1.3に示しました。見方はほとんど因子分析といっしょです。ただし，ここで出てくるのは因子ではなく成分です。そして成分の負荷量です（表3.1.3）。結果の解釈は，因

3章 因子分析の正しい使い方

子分析と同じように，各成分（因子分析では因子）の負荷量の値を見て，各成分の名称を決めればよいのです。負荷量を見ると，因子分析の結果とかなり違うことがわかると思います。第1成分の負荷量がどれも高くなっています。これを因子分析としてみてしまうと，「なんだ，この結果」と思ってしまいます。しかし，これは主成分分析であり，より少ない次元で説明することが目的です。したがって，第1成分でどの項目の負荷量も高くなっているということは，ほとんどすべてが第1成分で説明できるということで，喜ばしい結

表3.1.1 主成分分析による共通性（SPSSでの出力）。
共通性の初期値が1になっている。

共通性

	初期	因子抽出後
理解しやすかった	1.000	.645
面白かった	1.000	.701
ためになった	1.000	.672
教員に熱意がある	1.000	.594
教員の準備が十分	1.000	.593
教員は内容理解していた	1.000	.674
しゃべる工夫あり	1.000	.542
面白くするよう工夫があった	1.000	.497

因子抽出法: 主成分分析

表3.1.2 主成分分析による固有値と寄与率（SPSSでの出力）

説明された分散の合計

成分	初期の固有値			抽出後の負荷量平方和		
	合計	分散の %	累積 %	合計	分散の %	累積 %
1	3.831	47.889	47.889	3.831	47.889	47.889
2	1.087	13.590	61.479	1.087	13.590	61.479
3	.660	8.250	69.729			
4	.607	7.588	77.317			
5	.539	6.734	84.052			
6	.522	6.530	90.582			
7	.437	5.464	96.046			
8	.316	3.954	100.000			

因子抽出法: 主成分分析

表3.1.3 主成分分析による成分負荷量（SPSSでの出力）。
第1成分に負荷量が高くなっている。

成分行列[a]

	成分	
	1	2
理解しやすかった	.745	-.299
面白かった	.736	-.400
ためになった	.666	-.478
教員に熱意がある	.689	.345
教員の準備が十分	.599	.484
教員は内容理解していた	.652	.499
しゃべる工夫あり	.735	.045
面白くするよう工夫があった	.701	-.072

因子抽出法: 主成分分析
a. 2個の成分が抽出されました

3.1 どんなときに因子分析をしたらよいのか

果なのです。寄与率（抽出後の負荷量平方和の分散の％）を見てみると（表 3.1.2），第1成分で47.9％もあり，第1成分でほとんど説明されていることがわかります。第1成分は，おそらく，授業評価の総合評価といった成分として考えることができるでしょう。第2成分は，解釈が難しいですが，一応，逆効果の成分としてみました。教員の努力が高く，内容が低い場合ですので，そう決めました。ここでは第2成分はそれほど重要ではなく，第1成分として，授業評価を全体的に評価できる指標を作ることができたということが重要なのです。

次のように考えてください。授業評価の調査データは，文字通り授業の評価をすることが目的です。その際，多くの質問項目で尋ねるのではなく，単純に「この授業はよかったですか？」という1つの質問で事足りるかもしれません。しかし，それではあんまりです。いろいろな視点から評価をしてもらうべきでしょう。そうすると多変量データとなってしまいます。多変量データになってしまうと，今度は，それらの全体としての評価はどうなるのかがわからなくなってしまいます。そこで，その総合評価をやってくれるのが主成分分析なのです。ただし，総合評価はいわゆる総合評価だけではなく，いろいろな観点からの総合評価があるはずです。この授業評価の例でいうと，内容の総合評価や教員の努力の総合評価などです。こういった総合評価を成分として抽出してくれるのが主成分分析です。

見かけ上，因子分析として抽出される因子と主成分分析で抽出される主成分は，同じようなものが出てきます。ただし，因子分析は，どちらかというと多くの因子を出すようにしていきます。そして，1つの因子に関わる項目を限定させていって，項目を分類するような形での単純構造をめざすことが多くなります。一方，主成分分析では，成分は少ないほうがいいのです。そして，その成分にはできる限り多くの項目が関わることをめざしています。主成分分析は項目を総合していくのに対して，因子分析は項目を分類していくのだと考えてよいでしょう。そのため，主成分分析では，1つの総合評価が出ればそれでよしとします。第1主成分だけ出れば，後は無しでもいいのです。実際にここで行なったものは，第1主成分だけで十分なのです。

因子分析では，潜在的因子を探ることになりますが，主成分分析では，合成変数を作る

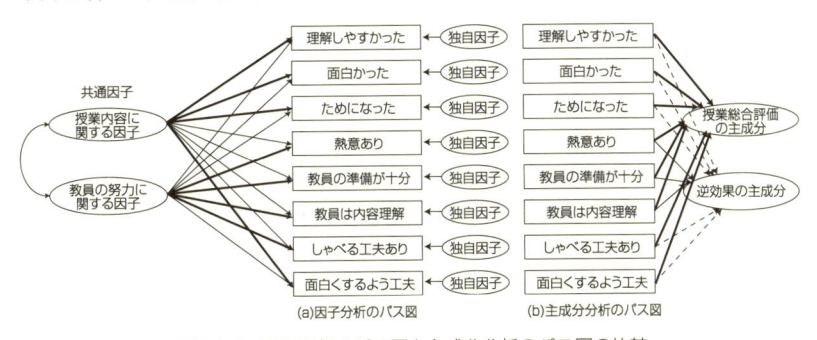

図 3.1.1 因子分析のパス図と主成分分析のパス図の比較

ということになりますので，基本的には，考え方が逆になります。その違いを示すためにパス図で描いてみました（図3.1.1）。因子分析では，因子から各質問項目に矢印が伸びているのに対して，主成分分析では，逆に質問項目から主成分に矢印が伸びることになります。因子分析との大きな違いは，主成分分析では，質問項目から主成分という合成成分を作るという仮定をもとに分析をしていくということです。一方，因子分析ではそのような仮定はありません。

■ なぜ，因子分析と主成分分析を間違うのか

主成分分析は因子分析とよく似ていますので，因子分析のつもりで間違って主成分分析を使っている場合を時々みかけます。なぜ，このような混乱が生じしまうのでしょうか。統計パッケージを利用する以前は，おそらく混乱はなかったと思われます。自分でプログラムを作るにしても，既成のプログラムを利用するにしても，主成分分析用のプログラムと因子分析用のプログラムは別物だったからです。ところが，実は主成分分析と因子分析は似たような計算をするのです。ちょっと難しい話になりますが，主成分分析は，計算には繰り返しのない主因子法を用い，共通性の初期値を1として計算を行ないます。表3.1.1の共通性の表を見てもらうとわかると思いますが，初期の値がすべて1となっています。主成分分析では必ずそうなります。ここで用いる主因子法は，因子分析の因子抽出法の1つです。主成分分析と異なるのは，因子分析の計算では共通性を1とは推定しないということだけです。したがって，主成分分析は，因子分析の中のある1つの計算のしかたにすぎないのです。そのため，既成の統計パッケージでは，因子分析と主成分分析とを区別せずに，因子分析の1つのオプションとして主成分分析を設けているのです。しかも，悪いことに，代表的な統計パッケージのSPSSもSASも因子抽出法のデフォルト（特に選択しなければ自動的に選ばれてしまう選択肢）が主成分分析になってしまっているのです。何も考えなければ，黙って主成分分析がなされてしまうのです。そして，論文には，因子抽出法として「主成分分析」と書かれてしまうのです。さらに，主成分分析と主因子法を同義だと思っている人も少なくないようですが，これももちろん違います。

■ 間違ったままでよいのか

ただし，結果の解釈上，実害はないのです。というのは，先程言いましたように，主成分分析は，因子分析の特殊な計算の1つだからです。しかも，因子分析をやろうとして，何もわからずに，主成分分析を因子抽出法として選んだ人であっても，その後に回転をさせますから，主成分分析で得られた結果は，単に因子分析の初期解としてしか扱われていないからです。したがって，因子分析をやっているつもりで，主成分分析の計算をやってしまっても計算結果には問題はないのです。問題があるとしたら，表記上の問題です。因子分析をやっているのに，主成分分析という因子抽出法を使ったと論文に書いていることはおかしな話です。

もう1つ問題になるのは，独自因子の問題です。主成分分析では，共通性を1として計算するといいましたが，これは，何を意味するかといいますと，独自性を考慮しないとい

うことでもあります。つまり，項目すべてを共通因子で説明することになってしまいます。個々の質問項目がもっている独自因子を考えないということは，因子分析のモデルに反することになります。

実際に，間違って主成分分析を行なった場合と，因子分析で繰り返しのない主因子法を使った場合を比較してみました。計算上の違いは，共通性の初期値だけです。後は，同じでバリマックス回転まで行なった値を表3.1.4に示しました。数値上のこまかい違いはあるものの，その違いは，ふつうに因子分析を行なったときの抽出法や回転方法の違いによって生じる差異と何ら変わりはありません。つまり，因子分析とはまったく違った分析法をやってしまってとんでもない結果になってしまったということにはならないのです。

表3.1.4 間違って主成分分析を行った場合とそれにもっともアルゴリズムが似ている因子分析を行った場合の比較

	間違って主成分分析を行ってしまった場合 共通性の初期推定値1，繰り返しのない主因子解，バリマックス回転			主因子法による因子分析 共通性の初期推定値SMC，繰り返しのない主因子解，バリマックス回転		
	因子1	因子2	因子3	因子1	因子2	因子3
理解しやすかった	**.575**	.272	**.331**	**.560**	.225	**.348**
面白かった	**.719**	.102	.208	**.677**	.068	.254
ためになった	**.589**	.075	**.374**	**.526**	.071	**.392**
進み具合は適切だった	**.568**	.193	**.320**	**.500**	.185	**.347**
教員に熱意がある	**.556**	**.389**	.031	**.520**	**.333**	.108
教員の準備が十分	**.418**	**.462**	.027	**.429**	**.375**	.077
教員は内容理解していた	**.431**	**.586**	−.056	**.461**	**.495**	.002
理解度に合った	**.439**	.119	**.546**	**.363**	.141	**.541**
声は適切	.045	**.740**	.179	.116	**.637**	.188
しゃべる工夫あり	**.430**	**.490**	**.355**	**.408**	**.459**	**.397**
参加しやすい雰囲気	**.568**	.250	.189	**.515**	.225	.239
質問しやすい雰囲気	**.377**	−.106	**.643**	.277	−.032	**.596**
静粛を保つ配慮があった	**.539**	.045	−.094	**.413**	.077	.018
面白くするよう工夫があった	**.621**	.251	.177	**.559**	.226	.242
テキストはうまく利用	.293	**.301**	**.432**	.294	.264	**.386**
配布資料は適切	**.485**	**.474**	.116	**.495**	**.401**	.153
黒板はうまく利用されていた	.092	.126	**.616**	.120	.132	**.461**
視聴覚教材は適切	**.343**	**.508**	.079	**.384**	**.399**	.104
黒板は適切	−.142	.163	**.727**	−.046	.143	**.506**
マイクは適切	.004	**.809**	.184	.109	**.693**	.163

ただし，問題になるのは，因子得点の算出の問題です。主成分分析で算出されるのは主成分得点であって因子得点ではありません。主成分分析は，パス図を見ればわかりますように質問項目から主成分へと矢印が伸ばされています。したがって，質問項目と主成分との関係がわかれば，簡単に計算できます。そして主成分分析では，この成分得点を出すこ

とが目的となります。一方，因子分析では，因子から質問項目に矢印が向いています。したがって因子得点を出すには因子と質問項目の関係がわかっていても，逆算するような形になるのです。このあたりの話は2章で話した通りです。このように，因子得点の計算法は主成分分析とはまったく違います。

■ 主成分分析を正しく行なうには

主成分分析では，ふつう，回転はさせません。回転をさせてしまうと因子分析になってしまいます。主成分分析で用いる主因子法という計算方法は，第1因子にできるだけ因子寄与を高くしようというものです。これが，主成分分析のねらいなのです。回転させてしまって，因子寄与を分散させて多くの因子を出してしまうと，主成分分析のねらいである少ない次元で説明しようということが実現できなくなってしまいます。因子分析で回転をさせるというのは，単純構造にもっていこうというのがねらいであって，因子数を少なくするのではなく，むしろ因子数は増えていくことになります。

3.1.2 重回帰分析や判別分析との違い

■ 重回帰分析

たとえば，次のようなことを考えてみましょう。授業評価とその授業の試験の成績とは関係があるでしょうか？ 授業に対する評価をポジティブにとらえている学生は，それだけその授業に意欲的に取り組んでいるため，試験勉強もしっかり行なって，いい成績をとるかもしれません。つまり，授業評価と試験の成績は関係があるという考え方です。一方で，関係がないとも考えられます。授業に対する評価は，授業に対する意欲とは関係なく，客観的に判断されるものであって，たとえ評価が低くても，授業への取り組みには影響はなく，そのため，試験の成績とは関係がないと考えることもできます。試験の成績は，個々の勉強のやり方や個人の能力に負うところが大きく，授業評価とは直接的に関係がないかもしれません。それに，学生の立場からすると，たとえ評価の低い授業であっても，単位をとらないと卒業できませんから，試験勉強だけは一生懸命するでしょう。

頭の中で考えただけでは，どちらとも結論をつけることができませんので，データで実証するしかありません。授業評価の質問項目への回答から試験の成績が予測できるかということをデータで示せばいいわけです。このような場合に使われるのが**重回帰分析**です。これは，多変量データ（授業評価）があって，それらが何か別の指標（試験の成績）の予測になるかどうかという分析です。ここで，実際にデータを分析したいのですが，ここで例に出した授業評価のデータは無記名で行なっていますし，試験の成績を見るために使おうとしたものではありませんので，試験の成績のデータがありません。そこで，まったく架空のデータで分析を行なってみます。

ただし，複雑にならないように，項目を限定して行ないました。重回帰分析では予測される変数のことを**従属変数（予測変数）**，予測に使う変数のことを**独立変数（説明変数）**と言います。ここで従属変数は試験の成績（試験の得点），独立変数は授業評価の質問項

3.1 どんなときに因子分析をしたらよいのか

目の8つです。重回帰分析を行なった結果を表3.1.5から表3.1.7に示しましたが，その中で表3.1.7を見てください。結果は従属変数を予測する式の係数（標準化係数を見てください）として出力されます。これは，因子分析での因子負荷のようなもので，この値が大きければそれだけ予測に寄与していることになります（もっとも，独立変数がどんな範囲をとるかによりますので，そう単純ではありません）。その結果，「教員に熱意がある」と「しゃべる工夫あり」以外の項目が十分予測に寄与していることがわかります。有意確率が0.05未満となっている項目の係数が意味あるもの（予測に役立っている）と考えることができます。

さらに，因子分析の寄与率に相当するものとして，**決定係数**というものがあります。考え方は寄与率と同じで，どの程度独立変数で従属変数を予測できたかということです。モデル集計のR2乗というところを見てください（表3.1.5）。.547という値になっています

表3.1.5 重回帰分析におけるモデルの集計表（SPSSでの出力）

モデル集計

モデル	R	R2乗	調整済み R2乗	推定値の標準誤差
1	.740a	.547	.535	10.34

a. 予測値: (定数)、面白くするよう工夫があった, 教員の準備が十分, ためになった, 教員に熱意がある, 理解しやすかった, しゃべる工夫あり, 面白かった。

表3.1.6 重回帰分析における分散分析（SPSSでの出力）

分散分析b

モデル		平方和	自由度	平均平方	F値	有意確率
1	回帰	31938.272	7	4562.610	42.674	.000a
	残差	26408.395	247	106.917		
	全体	58346.667	254			

a. 予測値: (定数)、面白くするよう工夫があった, 教員の準備が十分, ためになった, 教員に熱意がある, 理解しやすかった, しゃべる工夫あり, 面白かった。
b. 従属変数: 試験得点

表3.1.7 重回帰分析における回帰係数（SPSSでの出力）

係数a

モデル		非標準化係数		標準化係数	t	有意確率
		B	標準誤差	ベータ		
1	(定数)	2.463	4.940		.498	.619
	理解しやすかった	2.707	.977	.159	2.769	.006
	面白かった	4.526	1.036	.263	4.370	.000
	ためになった	3.285	.960	.189	3.423	.001
	教員に熱意がある	1.308	1.121	.060	1.166	.245
	教員の準備が十分	2.274	.940	.118	2.418	.016
	しゃべる工夫あり	1.370	1.013	.075	1.352	.178
	面白くするよう工夫があった	2.464	.818	.163	3.013	.003

a. 従属変数: 試験得点

が，決定係数は1が最大ですから，ここで分析に用いた8つの項目でうまく説明できたということができます。重回帰全体としてうまくいったかどうかは，表3.1.6の分散分析表を見てください。ここでの有意確率で判断します。この場合，0.000となっていますから，うまく回帰できたということを示しています。

こうやって見てみると，重回帰分析は，主成分分析に近いような気がします。たまたま，例として示したものが，主成分分析では，授業の総合評価であり，重回帰分析では試験の成績を扱ったということもあります。実際には，似ているところもありますが，異なるところもあります。似ているところは，合成変数を作るという形です。重回帰分析でも，形式的には，合成変数を作るのであって，その合成変数が予測したい変数になっているわけです。ただし，合成変数を作る基準が，少し異なります。主成分分析では，次元を少なくするという基準で行ないます。一方，重回帰分析では，従属変数も観測変数であり，そのデータと近くなるように合成変数を作ることになります。主成分分析では，潜在的な成分を作るだけであって，合成変数は観測データとしては存在しません。パス図では，潜在変数を○で囲み，観測変数を四角で囲みますが，図3.1.2に描いた重回帰分析のパス図では，予測変数となる合成変数の「試験得点」を四角で囲んでいます。そこに違いが認められます。

乱暴な言い方ですが，主成分分析の場合，お互いの質問項目に気を遣いながら，どのような成分をもってくるのが適切なのかを判断していきます。しかし，重回帰分析の場合は，むしろ関係ない項目は捨て去りたいと思っているのです。重回帰分析では，目は外の予測したい変数のほうに向いています。

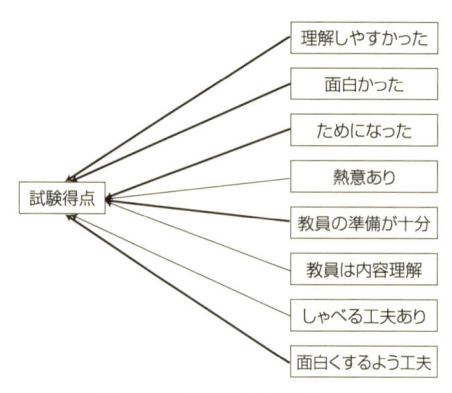

図3.1.2 重回帰分析のパス図

■ 判別分析

判別分析は，重回帰分析と基本的な考え方は変わりません。いくつかの質問項目から，ある従属変数の予測をするという考え方です。何が違うかというと，その予測される従属変数のタイプが異なるだけです。重回帰分析では，比例尺度や間隔尺度の変数が従属変数

3.1 どんなときに因子分析をしたらよいのか

になりますが,判別分析では名義尺度になります。たとえば,授業評価の例でいうと,試験得点は比例尺度ですから,重回帰分析になります。しかし,試験得点のように点数で評価させるのではなく,合否で評価させたとします。たとえば,この科目は合格か不合格かというような形です。そうすると,これは,比例尺度ではなく,名義尺度（順序尺度ともいえないこともない）になります。そうすると,合格か不合格かを予測する,言い換えると,合格か不合格かを判別することになります。そのため,判別分析と言われます。合否といった2つの群だけではなく,複数の群での判別も可能です。計算のしかたも判別分析と重回帰分析とでは非常によく似ています。特に,合否のように,2つの群の場合,重回帰分析と同じことをやります。

授業評価の例で,実際に判別分析を行なってみました。ここでは合否ではなく,学科の違いでの判別分析です。2つの学科とは,経済学科と人間関係学科です。人間関係学科は心理学を専門に勉強することができる学科になっています。一方,経済学科は心理学関連の科目は特にありません。ここで示した授業評価のデータは,実は,一般教養の心理学関連科目で行なった授業評価です。したがって,心理学をある程度専門的に学習しようと考えている人間関係学科の学生とそうではない経済学科の学生では,授業評価も異なるのではないかと予測されます。そのため,このような形での判別分析を行なってみました。

表3.1.8 判別分析における判別関数係数（SPSSでの出力）

標準化された正準判別関数係数

	関数
	1
理解しやすかった	-.100
面白かった	.284
ためになった	.704
教員に熱意がある	-.857
教員の準備が十分	.401
教員は内容理解していた	.382
しゃべる工夫あり	.274
面白くするよう工夫があった	-.339

表3.1.9 判別分析における構造行列（SPSSでの出力）

構造行列

	関数
	1
ためになった	.600
しゃべる工夫あり	.415
面白かった	.412
教員の準備が十分	.371
理解しやすかった	.285
教員は内容理解していた	.272
教員に熱意がある	-.193
面白くするよう工夫があった	.127

判別変数と標準化された正準判別関数間のプールされたグループ内相関変数は関数内の相関の絶対サイズにしたがって並べ替えられます。

表 3.1.10　判別分析における分類結果（SPSS での出力）。
学科コード21が経済学科，コード32が人間関係学科

分類結果[a]

		学科	予測グループ番号 21	予測グループ番号 32	合計
元のデータ	度数	21	26	15	41
		32	14	34	48
	％	21	63.4	36.6	100.0
		32	29.2	70.8	100.0

a. 元のグループ化されたケースのうち 67.4％ 個が正しく分類されました。

　その結果の一部を表 3.1.8～表 3.1.10に示しています。この分析は，重回帰分析のところで行なった場合と同様に質問項目を限定して行ないました。表 3.1.8の判別関数係数は，重回帰分析の回帰式の係数に相当するもので，この判別式の値の高低によって，どちらかの群に判別されます。判別分析の結果でもっともわかりやすいのは，表 3.1.10の分類結果です。判別率という形で出てきます。これを見ると，経済学科（コード21）の学生で正しく経済学科と判別された学生が63.4％，人間関係学科（コード32）の学生が70.8％です。平均して67.4％の学生が正しく判別できたということになります。

　判別分析は，ただ判別できたかを問題にするのではなく，どの項目でどのように判別できたかを問題にすることになります。そのよりどころとなる結果として表 3.1.9の構造行列を見てください。これは因子分析における因子構造と同じで相関係数を表わしています。判別をする際に各項目がどの程度関係しているのかと考えればよいのです。そうすると，「ためになった」という項目の相関係数がもっとも高くなっています。心理学を専門とする人間関係学科の学生とそうでない経済学科の学生では，自分の専門に生かすことができるかどうかが「ためになった」かどうかに表われてきているということが推測できます。判別分析のパス図も描いてみました（図 3.1.3）が，形は重回帰分析とまったく同じにな

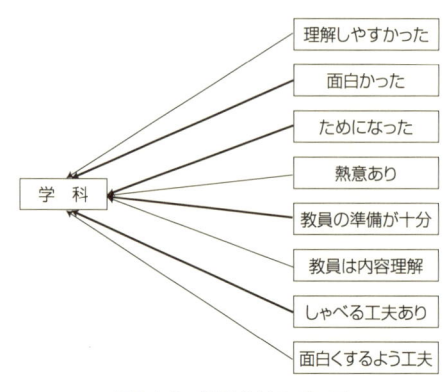

図 3.1.3　判別分析のパス図

ります。

■ **予測のために行なう分析**

　重回帰分析も判別分析も，いずれも，予測を行なうということでは似ていますが，どちらかの分析を利用するかということを考える場合は，異なるものだと考えたほうがいいでしょう。というのは，最初に多変量のデータがあってそれから何をするかということを考えるのではなく，多くの場合，最初に何を予測したいのかがあって，その場合にどのような多変量データが必要かということを考えることになるからです。たとえば，学科間の違いを見たいという目的が先にあるはずです。そして，そのために利用できるデータが多変量データであったときに，判別分析を利用できるのか，それとも後述しますが，数量化を使うべきなのかの選択に迫られるわけです。多変量のデータが先にあって，さぁ，これで何をしよう。学科別でも見てみるか，それとも，個人の成績（点数）でも考えてみるかということにはあまりならないはずです。もし，こういう場合であれば，前者は名義尺度だから判別分析，後者は点数で間隔尺度だから重回帰分析だという選択になりますが，そのような判断に迫られる場面は少ないでしょう。

　判別分析や重回帰分析は，予測することが主眼になります。すでに観察された多変量データから，いかに予測したいものとの関係を導くかということになります。一方，因子分析は潜在因子という隠れたものを見つけることになり，基本的に考える方向性が異なります。それは，因子分析のパス図（図3.1.1a），重回帰分析のパス図（図3.1.2），判別分析のパス図（図3.1.3）を見比べてみると違いはわかると思います。

3.1.3　クラスター分析との違い

　判別分析は，あらかじめグループがはっきりわかっている場合に行なう分析で，グループの間の違いを，多変量データで区別できないかどうかを分析するものです。先ほどの例のように，学科の学生が異なれば，授業評価の視点も異なるのではないかということが考えられる場合です。あらかじめはっきりと分けることができる場合，たとえば，ある集団に属しているとか，男女とか年齢といった違い，質問の回答の違い，成績の違いなどで分けることができる場合には有効です。ところが，現実には，こういった客観的な属性では分けることのできない場合があります。たとえば，食べ物の好みなどといったものは，甘いもの好きとか辛いもの好きとかいった言い方はしますが，明確な基準はないものです。いろいろな食べ物について，どの程度好むかを何段階かの評定尺度で回答を求めたとします。男女や年齢によって好みが違うことが予測されますから，そのようなことが知りたいときには，判別分析を行なえばよいことになります。しかし，先ほどの甘いもの好きとか辛いもの好きといったような場合は，判別分析はできません。質問項目の中に「甘いものが好きですか？」とか「辛いものが好きですか？」といった回答を設ければ，あらかじめグループに分けて判別分析はできますが，好みというのは，そんなに簡単なものではないはずです。甘いもの辛いもの好きだけではなく，マヨネーズ好きのマヨラーなどが存在し

3章 因子分析の正しい使い方

たり，あるいは，予想すらできない「○○好き」が存在したりする可能性はあります。そこで，はっきりとした基準はわからないけれど，ここで例として示した食べ物の好みのように，いくつかのグループに分かれるはずだと予測がつくような場合に行なうのが，**クラスター分析**です。

　クラスター分析では，類似したものどうしを集めてグループ（クラスター）を作っていく分析です。類似度をどうやって計算するかを指定する必要がありますが，原則的には，統計パッケージを使えば，あとはコンピュータが計算してくれます。多変量データの間にどのような関係が存在するのかを特に仮定することなく行なう分析で，そういう意味では因子分析に近いということも言えます。データ数が十分に多ければ，クラスター分析に使えるデータは因子分析にかけることも可能です。因子分析は乱暴な言い方をすると，ある意味では，質問項目をクラスターに分けるような分析という見方をすることもできます。それに対して，クラスター分析では，回答者のほうをどのように分類するかということが目的になります（クラスター分析の場合，回答者の分類で行なうのではなく，質問項目のほうで行なう場合もあります）。つまり，個体差を見ていくという分析です。因子分析もクラスター分析も，どのようなものがあるのかわからないけれど，前者は潜在的に因子が，後者は潜在的にクラスターが存在することを予測して，それを探し出そうとする分析です。

　これまで例に出した授業評価の場合，クラスター分析を目的としたデータではないため，そのままクラスター分析をすることはできません。そこで，あまり意味がないことですが，学科を1つの個体として代表させてクラスター分析を行なってみましょう。そのため，学科単位で各質問項目に対する回答の平均値をとり，そのデータをもとに，クラスター分析を行なってみました。**デンドログラム**という樹形図だけを図3.1.4に結果として載せました。この図は，各学科の距離が近いか遠いかによって，クラスターを形成していく過程を

```
****** HIERARCHICAL CLUSTER ANALYSIS ******

Dendrogram using Average Linkage (Between Groups)

                CASE      Rescaled Distance Cluster Combine
   Label        Num    0    5    10    15    20    25
   経営情報学科    4
   比較文化学科    5
   経済学科       3
   法律学科       7
   外国語学科     1
   政策科学科     8
   国際関係学科    2
   人間関係学科    6
```

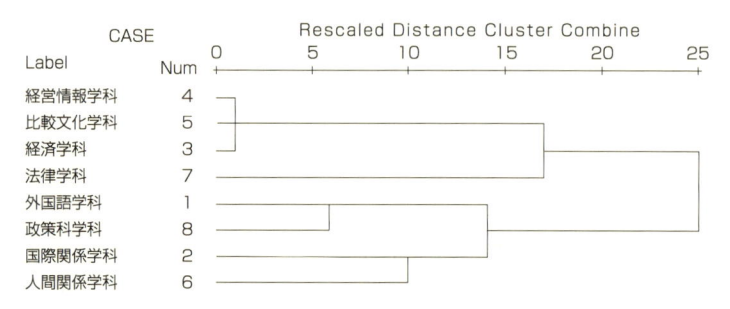

図3.1.4　クラスター分析のデンドログラム（SPSSでの出力）

示していると考えてよいでしょう。横軸が距離を表わしています。まず，経営情報学科，比較文化学科，経済学科の距離が近く，すぐに1つのクラスターを作っています。次に，外国語学科と政策科学学科が近くクラスターを作っています。次は国際関係学科と人間関係学科です。この段階で法律学科は一匹狼ですが，これも1つのクラスターと考え，4つのクラスターができたことになります。さらに，この4つが次にまとまっていきます。外国語・政策科学クラスターと人間関係・国際関係クラスターがまとまり，経営情報・比較文化・経済クラスターが法律とまとまります。こうして，2つまでクラスターが少なくなりました。いくつのクラスターに分けると，うまく説明できるかは，人間が最終的に判断するところです。ここで示したデータでは，2つのクラスターに分けたときに，評価が相対的に高いか低いかで決まっているようです。経営情報を含むクラスターのほうが評価が低かったようです。3つや4つに分けたときにうまく説明できれば，そこを基準として分ければよいのです。

一般に，クラスター分析を行なう場合，不特定多数の個体間の差を見る場合よりも，ある程度有意味な個体間の関連性を見ることが多いようです（もちろん，不特定多数を分類するといったような分析もあります）。たとえば，社会科学の分野で，各都市に関するさまざまなデータをとり，各都市をクラスター分析することによって，どの都市とどの都市が同じようなクラスターになるのかといった分析が可能です。

3.1.4 どの多変量解析を使うべきか

手元に分析すべきデータがある。あるいは，これからデータを取ろうというときに，どのような多変量解析を使えばいいのかわからないことがあります。多変量解析の本の中には，どの手法を使えばよいのか，変数のタイプなどに応じてフローチャートを追っていけば，適切な分析手法が見つかるように親切に書いてあるものがあります。確かにこれはわかりやすいのですが，あまり知識のない人にはわからないことが多いようです。なぜ，わかりにくいかというと，ある程度，構造方程式（共分散構造分析のところで話をします）を頭に描いてから考えないといけないからです。構造方程式を頭に描ける人にとっては，うまく整理された方法だと思います。しかし，これは，「わかる人にはわかる」になっているだけで，わかっていなくて知りたいと思っている人にはわかりにくいのです。

たとえば，今説明した重回帰分析と判別分析の例を考えてみましょう。表面的にはよく似ている分析です。予測したい変数が名義尺度であるか比例・間隔尺度であるかによって，判別分析か重回帰分析かを使い分ければよいわけで，非常にすっきりしています。さきほどの説明でも，授業評価に関する質問項目があって，その質問項目から試験の得点を予測する場合が重回帰分析で，試験の合否を予測する場合が判別分析だと説明しました。最初に質問項目があって，その後で予測すべきものが何かという流れであればよくわかります。

しかし，現実には，そのようなことは稀です。最初に予測したいものが決まっていて，それに応じて質問項目を作っていくという手順をするわけです。最初に予測したいものが

3章 因子分析の正しい使い方

名義尺度であるか，比例尺度であるかが決まっているのがふつうです。そして，いろいろなデータを取ってみた。さぁ，どの分析を使うかという話になるわけです。

たとえば次のようです。まず，試験の得点が何によって予測できるかということで，いろいろデータを集めます。そのときに集めてきたデータがどのようなものであるのかによってどんな分析を使うのかが決まってきます。比例・間隔尺度であれば，重回帰分析でしょう。名義・順序尺度であれば，数量化Ⅰ類になります。一方，学科を何によって予測できるかということで，データを集めた場合は，そのデータが比例・間隔尺度であれば，判別分析ですが，名義・順序尺度であれば，数量化Ⅲ類となります。

このような流れで，以下に，どのような多変量解析が使えるのかをまとめてみました。ここではすべてを網羅しているわけではありません。まず，何をしたいのかを問題にしています。その上で，自分が手元にある多変量データがどのようなものであるかによって，使い分けを示しています。

1. ある1つの指標の値が何と関連しているのか調べたい。
   ○その指標のデータをとることができる場合
   ・多変量データが数量（間隔・比例尺度）データ → 重回帰分析
     例：店の売上げを，駅からの距離と駅の乗降客数から予測したい
   ・多変量データが分類（名義尺度）データ → 数量化Ⅰ類
     例：体脂肪率の値をいろいろな食べ物の好き嫌いのデータから予測したい
   ○その指標としてどのようなものをとっていいのかわからない場合
   ・多変量データが数量（間隔・比例尺度）データ → 主成分分析，正準相関分析
     例：野球選手の各種データから総合評価を出したい
   ・多変量データが分類（名義尺度）データ → 数量化Ⅲ類
     例：さまざまな場面でどんな行動をとるのかがわかっているとき，どのような行動次元が存在するのか知りたい
2. あるグループや人の違いを調べたい。
   ○そのグループの分類がわかっている場合
   ・多変量データが数量（間隔・比例尺度）データ → 判別分析
     例：内向的性格の人と外向的性格の人の違いが，身長，体重，座高，体脂肪率などのデータでわかるか
   ・多変量データが分類項目（名義尺度）の場合 → 数量化Ⅱ類
     例：喫煙者と非喫煙者の違いをいろいろな食べ物の好みによって知りたい
   ○どんなグループに分けられるかわかっていない場合
   ・多変量データが数量（間隔・比例尺度）データ → クラスター分析
     例：大学に関するさまざまな数量的データがあるときに，どの大学とどの大学が似ているかを知りたい
   ・多変量データが分類（名義尺度）データ → 数量化Ⅳ類
     例：いろいろな食べ物の好みを尋ねたときに，どの人とどの人が嗜好が似ているかを知りたい

3. 多変量データの間での関係を調べたい。
（複数の指標の値が何と関連しているか調べたい）
○どのデータの間に関連があるのかある程度わかっている場合
　・多変量データが数量（間隔・比例尺度）データ　→　共分散構造分析，重回帰分析，（検証的）因子分析
　　例：スープに含まれる各材料の量とおいしさに関するさまざまな評価の関連を知りたい
　・多変量データが分類（名義尺度）の場合　→　数量化II類
　　例：各種家電製品の所有の有無と年齢の関係を知りたい
○どのデータの間に関連があるのかわからない場合
　・多変量データが数量（間隔・比例尺度）データ　→　（探索的）因子分析，主成分分析，正準相関分析，クラスター分析
　　例：ある製品の評価にどのような評価項目が必要なのか知りたい
　・多変量データが分類項目（名義尺度）の場合→　コレスポンデンス分析，数量化III類，数量化IV類
　　例：テスト問題に対する正答・誤答のパターンによって関連性があるかどうかを知りたい

　この分類の中で，これまで説明していなかったものも多く含まれています。すべてを説明することはできませんので，他の多変量解析に関する書籍を参考にしてください。ただし，この中で，因子分析と非常に関連が深い共分散構造分析について，最後に触れておきたいと思います。

3.1.5　共分散構造分析との違い

　最近，**共分散構造分析**という手法が重宝されています。パス図という図式的な表現でみごとに概念の因果的関係を表現してくれます。とても魅力的な手法です。多変量解析といえば，因子分析がその代表格であったのですが，その代表の座を共分散構造分析に奪われるかもしれません。因子分析をはじめとした多変量解析を第1世代の多変量解析といい，共分散構造分析を第2世代の多変量解析と呼ぶこともあります。因子分析が無くなることは考えられませんが，論文などの記述では，因子分析という言葉は消えていき，共分散構造分析をしたという記述がかなり出てくるかもしれません。それは，共分散構造分析が因子分析とよく似たところがあるからです。というよりも，因子分析もある意味では共分散構造分析の1つなのです。ひょっとすると，言葉の使い方として，「共分散構造分析を行ない，その手法として因子分析をした」というような言い方をするようになるかもしれません。それだけ，共分散構造分析の波は勢いが強く，因子分析は，多変量解析の王座を共分散構造分析に明け渡さないといけなくなるかもしれません。でも，実はそうではないということをこれから話をしていきます。

　それでは，因子分析と共分散構造分析とは何が似ていて何が異なっているのでしょうか。因子分析は，観測されたデータから，潜在的は因子を見つけだすという手法でした。共分散構造分析も，まったく同じです。観測されたデータから潜在的な因子（共分散構造分析

の場合,「因子」といわず「構成概念」といったりしますが,この本では「因子」と言っておきます)を見つけだすというやり方です。そのとき,共分散構造分析に特徴的なのは,「共分散」という冠がついているように変数間の共分散(相関)をもとにして,潜在的な因子や観測変数の間の関係性(構造)を分析していくというやり方です。それと同様に,因子分析は,共分散とか相関という言葉は表には出てきませんが,やはり変数の間の共分散(相関)をもとに潜在的な因子を探るやり方です。そういう意味では,同じものだということになります。

　逆に異なる点は,その関係性(構造)をあらかじめ仮定するかどうかというところにあります。因子分析は観測変数がどのような因子と関連しているのかを前もって考えずに(もちろん,分析をしようとしている人の頭の中にはあります)分析します。しかし,共分散構造分析は,あらかじめ,因子の間にどんな関係があり,その因子が観測変数にどう関係してくるのかといった「構造」を決めておいて分析します。共分散構造分析の言葉の中に明示的に「構造」という言葉が入っているのはそのためだと考えていいでしょう。また,共分散構造分析を**構造方程式モデリング**と言ったりしますが,その構造を式の形であらかじめ指定しておいて分析を行なうからです。そのため,**構造方程式**(厳密には,測定方程式と構造方程式という2つの方程式がありますが,ここでの理解のためには,その区別は不要ですので,この本では,その2つとも構造方程式という言い方をしておきます)という言葉が使われます。共分散構造分析を実際に行なう場合,構造方程式にあたるようなものを,分析する人が指定しないといけません。統計パッケージを使う場合,まさに式の形で表わすことになります(SASなどの場合)。最近では,図を見ながら,因子や変数の間の関係を指定するだけで式を使わなくても大丈夫な統計ソフトウェア(Amosなど)もあります。しかし,因子分析の場合,そのような指定をする必要はありません。あらかじめ構造を仮定していないからです。

　こう考えると,構造を仮定してない因子分析は,共分散構造分析とは違うではないかとも考えられます。ところが,厳密にいうと因子分析は構造を仮定していないわけではありません。因子分析は,各因子はすべての観測変数と関連しているという「構造」をもっています。すべて関係しあっているというところから出発して,どの因子が観測変数と関連しているかを見つけ出すものです。ただ,全部関係しているというところから出発するから,分析する人が明示的に式といったものを指定する必要がないわけです。そういう意味では,因子分析も構造方程式モデリングだという言い方もできます。それが,因子分析も共分散構造分析の中に含まれるという由縁です。しかし,狭い意味での共分散構造分析では,構造方程式を仮定して分析をやっていくわけで,因子分析とは違うものだと考えられます。あらかじめ関係があると思われる構成概念と観測変数との関係を指定して分析するのが共分散構造分析というわけです。

　結局,広い意味にとらえると,因子分析も共分散構造分析の1つだと考えていいのですが,共分散構造分析を狭く考えると,因子分析とは別物だということです。因子分析を使

うだけの単なるユーザという立場であるならば，共分散構造分析と因子分析は別物だと考えるほうがいいと思います．ところが，因子分析の中には，検証的因子分析というのがあり，これが，因子分析と共分散構造分析との関係を複雑にしてしまっているのです．

■ 検証的因子分析は共分散構造分析

これまで，因子分析と共分散構造分析との違いを見てきましたが，ここで因子分析と言っているのは，**探索的因子分析**のことです．探索的因子分析は，因子の構造などを何も仮定せずに行ない，どのような潜在的因子が存在しているかを，まさに「探索」するわけです．ところが，因子分析には，**検証的因子分析**（あるいは**確認的因子分析**）というものがあります．この検証的因子分析では因子の構造をあらかじめ仮定します．因子構造を仮定するといっても，因子負荷の値がいくつといった細かいことまで決めるわけではなく，あくまでも，どの因子がどの観測変数と関係しているかを仮定しておくだけです．そして，その仮定が正しいのかどうか，因子分析によって「検証」するというわけです．

さきほど，構造方程式の話をしましたが，検証的因子分析で行なう仮定は，実は，構造方程式（厳密には，検証的因子分析では測定方程式だけですが，ここでは，そんな厳密さを考える必要はありません）を作ることと同じことです．したがって，先ほど述べた因子分析と共分散構造分析の違いが崩れてくるわけです．つまり，検証的因子分析は「因子分析」という名称はついていますが，実態は共分散構造分析です．にもかかわらず，「因子分析」という名前がついているので，因子分析は共分散構造分析の中に含まれるとか，因子分析と共分散構造分析は別物だといった言い方が交錯してしまって，わけがわからなくなってしまっているのです．

このあたりのところを整理するために，これまで例に出してきた授業評価の例を使って図を描いてみました．これらは分析前に何を仮定しているかを示した図です．まず，図3.1.5は探索的因子分析のパス図です．探索的因子分析では，構造を何も仮定しないと言いましたが，実際には，因子と質問項目の間に関係があり，因子と因子の間にも関係があるということを仮定しています．分析前にすべてに関係性があるということを仮定しているわけですが，見方によれば，これは何も構造を規定していないわけで，仮定なしとも考えられます．図では，分析前の因子の数を6つ書いてますが，実際には6つと規定しているわけでもありません．図に描けないから6つ書いているだけで，分析前は因子の数がいくつであるかといった規定はいっさいありません．そして，それらの因子がどの質問項目に関係するかも，仮定していることはありません．質問項目の方も8つしか書いていませんが，これも，図として描けないからこうなっているだけで，すべての質問項目が関係してくるかもしれないという前提で分析をするわけです．そして分析の結果，関係のあるものだけが生き残り，それぞれの因子が何であるのか名称をつけることになります．

一方，検証的因子分析は図3.1.6に示しました．この場合，分析前に構造を規定しています．どのような因子があるかもあらかじめ考えられていて，それらの因子間にどのような関係があり，それらの因子がどの質問項目に関係しているのかもわかっているのです．

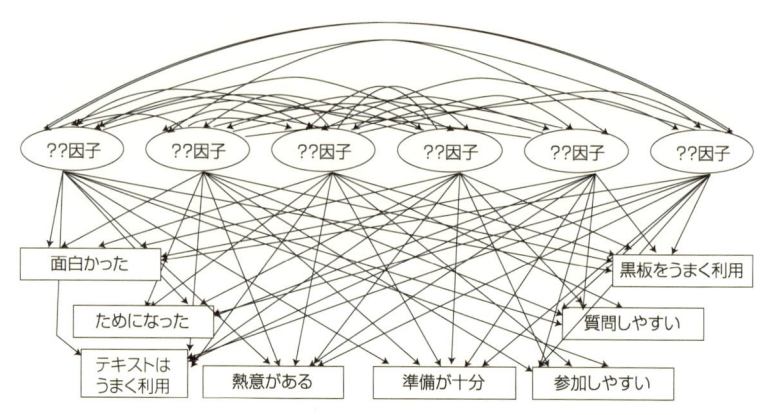

図 3.1.5　探索的因子分析のパス図（独自因子は省略）。すべての関係があることを仮定している。言い換えると，構造は何も規定していない。

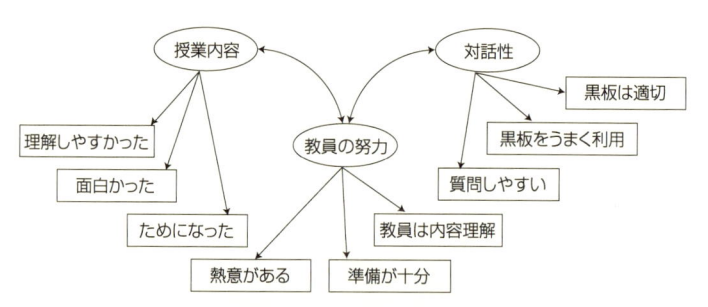

図 3.1.6　検証的因子分析のパス図（独自因子は省略）。構造としてすでにその関係性を規定している。ただし，その因子と因子の間の関係は共変動。

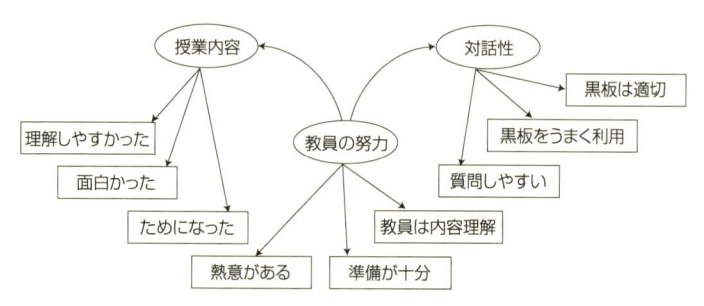

図 3.1.7　共分散構造分析のパス図。因子間の関係は，因果関係でも規定可能。

この図では,「理解しやすかった」,「面白かった」,「ためになった」といった質問項目は「授業内容」の因子に関係し,その「授業内容」の因子は「教員努力」の因子と関係してくるといった形になります。そして分析の結果,仮定通りだったとか,そうではなかったとかいった「検証」の結果が出てくるのです。その結果は,一般に適合度で判断します。

共分散構造分析も,基本的には検証的因子分析と同じです。よく見ないと,図の違いがわからないと思います。検証的因子分析では,因子間の関係を共変動(ともに変わるだけで因果関係があるかどうかはわからない)があるという関係でしか構造を規定しなかったのに対して,共分散構造分析では,因果的関係を構造として規定することができます(図3.1.7)。検証的因子分析のほうでは,「授業内容」因子と「教員努力」因子に共変動の関係,「対話性」因子と「教員努力」因子の間に共変動を仮定しています。一方,共分散構造分析では,その関係が共変動ではなく,「教員努力」因子がいずれも原因として作用しているという構造になっています。もちろん,共分散構造分析の場合に,因果的関係を規定しないといけないとか,共変動の関係を規定してはいけないというきまりがあるわけではありません。したがって,共分散構造分析をやっていても,共変動だけを規定した構造を仮定してしまうと,見かけ上は,検証的因子分析と何ら変わりはありません。つまり,構造の規定のしかたによっては,実質的に検証的因子分析と同じことになるわけですから,検証的因子分析は共分散構造分析だと言ってしまってもいいわけです。

「因子分析」という言葉を探索的因子分析と検証的因子分析を2つ含めて使うときには,その「因子分析」は「共分散構造分析の1つ」と言っていいでしょう。しかし,「因子分析」を探索的因子分析に限定して使うときは,「共分散構造分析とは違う」と言うべきでしょう。本書でも,場所によって曖昧に使っているところがありますが,特に限定しない限り,ただ「因子分析」といったときは,探索的因子分析のことをさすと考えてください。

■ 主成分分析も共分散構造分析の仲間

検証的因子分析は共分散構造分析だと言ってしまいましたが,主成分分析も共分散構造分析の仲間になります。仲間という言い方をしているのは,広い意味では共分散構造分析の仲間に入るけれども,実際に分析する場合には,共分散構造分析と主成分分析は別だととらえて行なうことになるという意味です。(探索的)因子分析と主成分分析の違いの決定的なものは,主成分分析は共分散構造分析の仲間だけれども,因子分析はそうではないということにもなります。つまり,主成分分析でも構造方程式に相当するようなものを最初に仮定しているのです。それは,質問項目の合成関数によって主成分が表現されるという方程式なのです。パス図で描けば,主成分分析と因子分析は矢印の向きがまったく逆になってしまいます(図3.1.1参照)。

■ 重回帰分析や判別分析も共分散構造分析の仲間

共分散構造分析というのは,構造方程式を仮定して行なうということでした。実は,重回帰分析や判別分析も構造方程式を仮定しています。したがって,そういう意味では,重回帰分析や判別分析も共分散構造分析の1つだと言えるかもしれません。ただし,重回帰

分析や判別分析の場合，潜在的因子というものを仮定しません。一般に共分散構造分析といったときには潜在的な因子を仮定していますから，ちょっと違うことになります。しかし，共分散構造分析の場合には，絶対に潜在的因子を仮定しないといけないというきまりがあるわけではありませんので，潜在的因子を仮定しない共分散構造分析も可能で，それは，見かけ上，重回帰分析になってしまいます。とはいうものの，実際には，共分散構造分析の場合，潜在因子を仮定しないで行なう人はあまりいませんので，重回帰分析や判別分析と共分散構造分析は別物だと考えるのがふつうでしょう。

■ 共分散構造分析は薔薇色か？

　共分散構造分析によって出てきた結果は実にスマートで，因子分析の結果と比較すると，きわめて明快です。そういう意味では，説得力のある分析結果を出すことができます。ただし，これは，うまくいった場合です。因子分析は，よほど変なデータでない限り因子がまったく抽出できないということはありません。しかし，共分散構造分析の場合，うまく結果が出ないことがたくさんあります。うまく結果が出ないというのは，計算がうまくいかないという場合と計算はうまくいっているのだが適合度が低いという場合があります。いずれも，因子分析でも起こりうる話です。しかし，共分散構造分析のほうが，うまくいかない確率は高くなります。共分散構造分析では，最初に仮定した構造方程式がいい加減なものであれば，当然，まったく結果が出てきません。そして，上手に作らないと，適合度が低くなってしまい，自分の言いたいことが言えなくなってしまいます。それに対して，因子分析は，すべて関係があるというところから始めて，関係があったところだけを残して，因子が抽出できましたということになります。したがって，多くの場合，何か結果は出してくれます。

　さらに，共分散構造分析の場合，仮にうまく構造方程式を作って，適合度が高く出たとしても，それは1つの解釈にすぎないという問題があります。他の構造方程式で計算しても，十分データに当てはまることもありますし，もっと高い適合度が出てくるかもしれません（それを試行錯誤にやっていくことを含めて共分散構造分析だというべきでしょうが）。つまり，ある構造方程式を仮定して1回分析をしただけでは，自分の分析結果が最良であることは保証されないわけです。その点，因子分析は，構造方程式を作る必要はないのですから，ある意味では，出てきた結果は計算上は不適切ということはありません（もちろん，因子抽出法，回転のしかた，項目の取捨選択などは考慮しないといけません）。因子分析は，出てきた結果をどう解釈するかがかなり大きな問題なのですが，共分散構造分析では，構造方程式をどう仮定するかが最大の問題となります。

■ ここで因子分析が必要に

　共分散構造分析を行なう場合，すでにある程度構成概念や観測変数とどのような関係があるのかわかっていることもあるかもしれません。もちろん，何もわかっていなくて，何もないところから，自分の頭で考えて作るということも可能かもしれません。しかし，現実にはそれは非常に難しいことになります。実際にはどのようなことがなされているのか

というと，因子分析や重回帰分析を行なって，因子や観測変数の間にどのような関係があるのかをあらかじめ探っていくことになります。探索的因子分析を行なってある程度目星をつけておいて，構造方程式を作ることになります。いきなり，共分散構造分析を行なうのは実際には難しい話です。

■ 因子分析のアイデンティティ

最初に因子分析が共分散構造分析にとってかわられるかもしれないという話をしましたが，実際にはそんなことはないはずです。共分散構造分析をするためには，必ず構造方程式を作る必要があり，その構造方程式を作るためには探索的に潜在的な因子にどのようなものがあるかどうかを調べないといけなくなります。そのために，もっとも適切なのは探索的因子分析です。先ほど，因子分析には探索的因子分析と検証的因子分析の2つがあるという話をしましたが，因子分析の真髄は探索的因子分析のほうにあるのです。何かわからないところから潜在的な因子を見つけてくれるというところに魅力があるのです。むしろ，検証的因子分析というのは，共分散構造分析の一部だと考えられますから，共分散構造分析に内包されてしまい，ひょっとすると検証的因子分析という言い方はなくなるかもしれません。それに対して，探索的因子分析がなくなることはないでしょう。因子分析の因子分析たる由縁がそこにあるわけで，因子分析のアイデンティティがあると思われます。

■ 因子分析だけが生き残る？

最初に，共分散構造分析が第2世代の多変量解析であるということを言いました。それは，すでに実態として，ほとんどの多変量解析が共分散構造分析に内包されるということがあるからです。従来から多変量解析の種類としてたくさんのものがあげられていますが，ほとんどすべて共分散構造分析の中に含まれてしまいます。この本で述べた主成分分析，重回帰分析，判別分析はもちろんそうですし，分散分析や数量化のたぐいもすべて共分散構造分析の中に含まれます。唯一異なるのが，（探索的）因子分析です（クラスター分析も共分散構造分析ではないですね）。ほとんどの多変量解析は，あらかじめ観測変数や潜在因子の関係を決めておいてから（構造方程式を立ててから）分析をしないといけないのに対して，因子分析だけが，そのような仮定を必要としないのです。この本では，数式を使わないで書くと豪語してきたわけですが，それが可能なのは，因子分析が他の多変量解析と違って構造方程式（厳密には測定方程式）によって限定されていないからです。多変量解析の第2世代は，確かに共分散構造分析であるかもしれません。しかし，因子分析だけは，違う道を歩むかもしれません。

3.2 因子分析はうさんくさい

因子分析をうさんくさい分析だと考える人がいます。そういう考えは，否定できないところがあります。因子分析は，今でこそ簡単にパソコンを使ってできてしまいます。しかし，一昔前は大型の計算機でしかできませんでした。紙カードにパンチしたSPSSのプ

ログラムとデータを計算機センターで計算にかけるということをしていました。今から考えると，それはそれはたいへんな作業でした。もちろん，もっと昔は，手作業でやっていたわけです。つまり，因子分析をしたというだけで，ものすごいことをやったという感じがしたのです。「因子分析」に後光がさしていたのです。因子分析をやると，大変な労力をかけてやったから，その分析にいたるまでのデータの収集，その分析後の結果の解釈が多少いい加減であっても，許されてしまうということも少なからずあったのです。

しかし，今は因子分析の計算なんて，あっという間にパソコンがやってくれます。そうなると，因子分析をすること自体はたいしたことではなく，電卓でちょっとした計算をすることと大差はないのです。そのため，データの収集の方法や結果の解釈のほうに焦点が当てられることになり，正しいやり方で因子分析をすることが要求されます。

ところが，実は，因子分析は意図的にやろうとすると，自分の思い通りの結果を出してしまうことはたやすいのです。たとえば，2章で紹介した授業評価の結果を見てください。第1因子の寄与が高いのがわかります。それは，第1因子に関連しそうな項目をたくさん集めているからです。授業内容に関わる項目で似たような質問を，手を変え品を変え出してきているからです。このような類似した項目が少なければ，また違う結果になってしまいます。質問項目は，どうかすると同じような質問内容ばかりになって冗長になってしまう可能性があります。それでも，因子分析は質問の内容まで吟味してくれるわけではありませんから，同じ因子に対して高い負荷量を示した結果を出してしまいます。したがって，質問項目の内容の妥当性を十分に吟味する必要があります。

■ 観測変数（項目）ですべてが決まる

実際に，授業評価の質問項目の中で第1因子の授業内容に関する項目のうち，「面白かった」，「ためになった」，「進み具合は適切だった」の3項目を削除して，因子分析を行なってみました。抽出法は最小二乗法，回転はプロマックス回転で，2章で行なったやり方とまったく同じです。その結果の因子パターンを表3.2.1に示しました。すると，どうでしょう。授業内容に関する因子はなくなってしまいました。第1因子に教員努力，第2因子はしゃべり方，第3因子は声，第4因子は対話性と解釈できます。さらに，各因子に関係する項目も若干異なっています。表2.5.10と見比べてみてください。因子負荷が低く因子と関連有りと判断するのが難しかった項目の負荷量が高くなって，因子との関連が明確になりました。一方，授業内容に関しては，「理解しやすかった」という項目はありますが，この項目はどの因子に対しても高い負荷量を示さなくなったのです。もしも，これらの質問項目が実際に使われた質問紙の項目だったとしたら，誰が見ても質問項目の立て方がまずかったと思うでしょう。「理解しやすかった」以外に授業内容に関わる質問項目を増やすべきだったという反省が出てきます。授業評価を行なったのに，内容に関する因子が出てこなかったなんて，と誰もが思うわけです。それは，授業評価について，だいたい誰もがわかっているつもりになっているからです。わかっているつもりというのがくせものなのです。誰しもわからないままやる人はいません。もちろん，逆に，100％わかっ

3.2 因子分析はうさんくさい

ていると思っている人もいないでしょう。わかっていないところがどこかあるはずなのですが，どこがわかっていないかわからないから100％わかっているという自信がもてないのです。もしも，わかっていないところがどこかわかっていれば，そこを改善すればいいのですが，それがわからないから，わかっているつもりでやるしかないのです。

　他の項目の場合を見てみましょう。同じように仲間はずれになっている項目に「テキストはうまく利用」があります。この場合はどうでしょう。テキストに関する質問項目が少なかったために，因子として成立しなかっただけなのでしょうか。それとも，もともとそのような因子がなかったのでしょうか。どちらなのかは，因子分析の結果は何も教えてくれません。人間が判断しなければなりません。ある人は，テキストの使い方は重要だから，質問項目が少なかっただけだと結論づけるかもしれません。ある人は，テキストの使い方はことさら因子になるわけではないので，因子として存在しないと結論づけるかもしれません。いずれも，自分でわかっているつもりで判断しています。こうやって吟味の対象になるようなものが出てくる場合はまだいいのです。本当は重要な因子なのに，因子分析の結果ではまったく影も形も出てこなかったということもあります。観測変数を選んだり，質問項目を作ったりするときには，十分に吟味しているはずでしょうが，自分の考えが及ばない因子が存在していたかもしれません。それがわからなかったために，質問項目の中にそのような項目を入れていなかっただけかもしれません。これは，質問調査という形だけではなく，社会科学の分野などでも，どのような観測データを因子分析の対象とするかの選択を迫られるわけですが，そのようなときも同様の問題が生じてしまうのです。

表 3.2.1　授業内容に関わる質問項目をわざと削除して因子分析を行なった結果

	因子1 教員努力	因子2 しゃべり方	因子3 声	因子4 対話性
配布資料は適切	**.632**	−.072	.115	.097
教員は内容理解していた	**.616**	−.009	.155	−.099
静粛を保つ配慮があった	**.576**	.009	−.256	−.022
教員に熱意がある	**.553**	.186	−.016	−.098
教員の準備が十分	**.547**	.053	.038	−.030
視聴覚教材は適切	**.507**	−.088	.165	.083
参加しやすい雰囲気	**.354**	**.347**	−.025	−.014
しゃべる工夫あり	−.071	**.716**	.370	−.112
理解度に合った	−.049	**.671**	−.009	.150
質問しやすい雰囲気	.011	**.555**	−.265	**.364**
面白くするよう工夫があった	.311	**.460**	−.003	−.106
マイクは適切	.102	−.151	**.746**	.168
声は適切	−.114	.245	**.669**	−.062
黒板は適切	−.183	.012	.200	**.649**
黒板はうまく利用されていた	.144	.066	−.051	**.482**
テキストはうまく利用	.216	.166	.108	.232
理解しやすかった	.279	.289	.126	.097

3章 因子分析の正しい使い方

　因子分析を行なったときに,「因子分析の結果, ○○という因子が見つかった」という言い方をします。でも, これは, 因子分析というツールが因子を見つけてくれたのではありません。質問項目を作った段階, あるいは, 観測変数を選んだ段階でどのような因子が出てくるかはある程度決まってくるものなのです。因子分析の結果は, どういう観測変数や質問項目を用いて行なったかに依存してしまうのです。表 3.2.1 を見てください。ここにあげた項目は, 結果的に, 教員の努力に関する項目がたくさん含まれていることになっています。そのため, 教員の努力に関する因子が出てきています。しかし, 考えようによっては, このような項目が授業評価に必要かどうかというのは議論があるかもしれません。教員の努力というのは, 結果的に, その内容に反映されるわけですから, 内容の因子だけで事足りるのかもしれません。

　場合によっては, 内容に関して, 多次元の因子が必要だという議論が出てくるかもしれません。質問項目を省く前の表 2.5.10 を見てみましょう。内容に関しては1つの因子でまとまっていました。しかし, 内容評価の下位次元として,「わかりやすさ」,「面白さ」,「有益性」といったものを考える必要があるかもしれません。つまり, ただ内容ということでひとくくりにするのではなく,「わかりやすさ」因子,「面白さ」因子,「有益性」因子といった因子が抽出されないといけないのかもしれないわけです。ここで考えた質問項目では, このような下位次元に相当するものが少なかったために, 全部をまとめた内容の因子としてしか出てこなかったのかもしれないわけです。

　いずれにしても, これは, ここで行なった質問紙で出てきた結果であって, それが授業評価のすべてを表わしているわけではありません。実は, 因子分析の落とし穴がここにあるのです。因子分析は, 準備した観測変数や質問項目に関連した潜在変数を見つけ出すわけですから, 観測変数や質問項目が十分に吟味されていないと, 本当は存在しているはずの潜在的因子が見つけ出すことができないということになりかねません。因子分析は, 何もないところから潜在的因子を見つけ出してくれる魔法の分析ではありません。観測変数や質問項目に依存して決まるのです。

　逆の見方をすると, 意図的に観測変数や質問項目を偏ったものばかりを集めると, その因子の寄与が高くなって, その因子が非常に高くなったように見せかけることができます。意図的ではないにしても, 結果的に, ある特定の因子だけに寄与してしまう観測変数や質問項目ばかりになってしまうことは十分に考えられます。

　そのため, 項目の取捨選択を試行錯誤的に行なうことが必要になります。探索的因子分析ということばが示すように, 因子分析は, 本来試行錯誤的に行なうべきもので, 1回の因子分析ですべて結果が出るわけではありません。項目を取捨選択して試行錯誤にやらないといけないのです。最近では, その項目の選択をコンピュータにやらせてしまおうという**ステップワイズ因子分析**といったものが開発されています。ただし, ステップワイズ分析は, その使い方や長短をよく知ってないととんでもないことになってしまいますので, 初心者にはお勧めしません。いずれにしても, 大切なのは, 人間の判断になります。いつ

も考えておかなければならないことは，ある1つの因子分析の結果がすべてではないということです。

因子分析は，たまたま用意した観測変数や質問項目に対して，たまたま回答してもらった人のデータ（あるいは，たまたま得ることのできた観測データ）から，たまたま行なった抽出法，たまたま行なった回転法で得られた結果にすぎないのです。因子分析で得られた結果が，すべてを表わしているわけではありません。観測変数や質問項目を変えると，違った結果になることがあります。

■ 結果オーライ

因子分析を行なうときに，因子の抽出法，共通性の推定，因子の数の決定，回転の方法など，いろいろ選択すべきことがたくさんあります。どのやり方がいいのか判断に悩むものです。データをとった後，どうしていいのかわからない人は，「どのやり方でやればいいのですか？」と知っている人に尋ねます。統計の専門家は，おそらく何らかのアドバイスを与えてくれるでしょう。でも，数学的な話だけのことがあります。「××抽出法では，データが少ないと適合しにくいかも知れません。○○回転は，△△を単純構造にすることができます」といった具合です。これはこれで，有益な情報になるのですが，何度も言ってきましたように，因子分析の場合，この方法でなくてはならないということはないのです。そして，どのやり方がいいのかの判断基準は，あくまでもデータをいかにうまく解釈できるかどうかだけなのです。したがって，その判断は自分でやるしかないのです。統計の専門家に聞いても，それぞれの手法の数学的な説明は十分していただけるでしょうが，データの解釈については，たまたまわかる場合もありますが，データをとっているほうが専門家なのですから，自分で判断しないといけません。

とりあえず行なうには，たとえば抽出法に最小二乗法，回転はバリマックス回転で行なうのがいいと思います。そのほかの設定は，特に指定せずにやってみるのがいいと思います。そこで，なにがしかの因子が出てくるはずです。その後，その結果をみながら，あれこれやってみるべきでしょう。どういった結果が出たときに，どのようにすればいいのかをちょっとまとめてみました。

1. とりあえずやってみる
   計算がうまくいかない
      共通性が1を越えてしまう
         →抽出法を変えてみる，共通性の初期値を変えてみる
      計算が収束しない（繰り返しの最大数までいって終わってしまう）
         →繰り返し数を変えてみる
      計算結果すら出してくれない
         →抽出法を変えてみる
   それでも，計算がうまくいかない
      →データがまずい

```
              サンプル数が十分だったのか？
              観測変数の中身が十分だったのか？
  2. とりあえず，因子が出た
    因子の数が思ったより少ない
        →因子の決定のしかたを変える
    特定の因子に負荷量が高いなどの偏りがある
        →回転の方法を変える
    因子に関連する観測変数が少ないものがある
      回転のやり方がまずいと判断
          →回転のやり方を変える
      その因子は実在しないと判断して，その因子を捨てる
          →その因子に関連する観測変数を削除して因子分析をやり直す
      その因子に関連した観測変数が少ないと判断
          →新たにデータをとり直す。新しい観測変数をもってくる
    ほしい因子が出ていない
      因子の数の決定のしかたがまずいと判断
          →因子の決定のしかたを変える
      回転のやり方がまずいと判断
          →回転のやり方を変える
      観測変数がまずいと判断
          →新たにデータをとり直す。新しい観測変数をもってくる
```

まとめのつもりなのですが，あまりまとまっていません。なぜまとまらないかというと，試行錯誤にやらないといけないということなのです。ここにあげていないケースが他にもたくさんあるはずです。とにかく，観測変数を増やしたり減らしたり，いろいろ試行錯誤に分析の際の手法を変えてみたりしながら，自分にとっていい結果が出れば，それでいいのです。誰かから勧められた手法を使って因子分析を一度だけ行ない，その結果がすべてであると判断してはいけないのです。この手法で行なった結果だから，この結果は正しいのだというものではありません。どの手法でも正しいのです。うまくいったかどうかは，結果しだいで，結果オーライの手法なのです。斜交回転の説明のところで，星にたとえて話をしました。星をみるのに，この場所でないといけないというきまりはありません。自分できれいに見えると思えば，どこから見てもよいのです。因子分析も，あるデータがあったときに，この手法でないといけないというきまりはありません。結果がよければそれでいいのです。いろいろな場所から星を見て，ここから見るのがいちばんきれいだと思える場所を探せばいいのです。いちばんきれいに見えたところ，それが最適の場所なのです。見たい人がそう判断すればいいのです。自分がきれいに見えたと思ったら，後は，自分の感性がすぐれているのかどうか，他の人に納得してもらえればいいだけのことです。自分がきれいだと思った因子分析の結果が，他の人が見ても納得できればいいのです。このと

きには，感性ではなく，その分野での理論的知識が要求されます。

　もっともきれいに見えたところを見つけたら，「ほら，見て見て。ここから見るといちばんきれいに見えるよ」と，仲間を呼べばいいのです。「えー，どこがきれいなの？」と言われてしまえば，考え直さないといけません。でも，「わぁー，ほんときれい」と言ってくれれば，それでいいのです。

■ 因子分析は解釈しだい

　因子分析は，最終的にどのような因子が抽出されたかが問題とされます。その場合，分析をした人が，因子負荷の（絶対値が）高い項目を見て，（主観的に）因子の名称を決めていきます。そこには，客観的基準があるわけではありません。

　もちろん，因子負荷という数値が客観的に出てくるわけですから，この値の大小の判断になることを考えれば客観的かもしれません。しかし，その値がどの程度大きいかという判断はまったく主観的になされるのです。いかにも客観的にやったということをにおわすために「因子負荷の値が0.5未満の場合を除去した」ということが書いてあったりします。それはそれで1つの客観的基準なのですが，こういった場合，因子分析をする前からこの基準を決めていたかというと，それは怪しいことが多いのです。多くの場合，因子分析の結果（因子負荷の値）が出てから，基準の値をこのあたりにもってくるとうまく解釈できるからこうしよう，ということがほとんどなのです（もちろん，因子分析をやっている人の中にはそうでない人もいるでしょう）。

　百歩譲って，因子負荷の基準を客観的に決めることができたとしましょう。次に問題なのは，それらの因子負荷から，因子をどうやって決めるかということです。これは，1章でも述べましたが，「エイヤッ」と決めるしかないのです。数値と観測変数や質問項目を眺めて，こんな感じなのではないかなということで決めてしまうのです。どうしても，主観的な判断にならざるを得ません。さらに問題なのは，このようなときに，確証バイアスが働くことです。確証バイアスとは，意思決定のときに，自分の結論に合致した情報だけを選択的に選んでしまうということです。自分では，すべての数値に気配りをして決めているつもりでも，実際には，自分があらかじめこうでありたいという結論にうまく一致するところだけに目がいってしまうことがあるのです。実際に，因子分析を行なった論文の中には，自分の主張に合うような偏った因子の解釈を行なっているものがあります。

　それでは，そんなあいまいなことでいいのかという疑問をもたれる方も多いでしょう。そんなあいまいなものならば，因子分析はやらないほうがいいのではないかと考える人が出てくるかもしれません。確かにいいかげんであってはいけないのは当然です。しかし，因子分析は1つの統計ツールにすぎないのです。因子名を決めるところは人間がする守備範囲に含まれていて，因子分析そのものは，因子負荷を出すところまでです。因子分析の計算のプロセス自体はけっしてあいまいであるわけではありません。

　因子分析はあいまいだから使わないほうがいいというのは間違いなのです。偏差値でもって，人間の価値判断をしてしまうのは悪い。だから偏差値は使うべきではないという議

論と同じになってしまいます。偏差値は,ある統計上の結果にすぎないのです。それをどう活用するかは人間の判断です。議論すべきことは,出てきた統計結果をどう活用するかということです。

■ **統計だけ厳密にやっても意味がない**

因子分析だけではなく,統計全般に言えることですが,統計はあくまでもツールの1つにすぎません。実験や調査で得られたデータをどう解釈するのかを,客観的にとらえたいために,客観的な指標の1つとして統計という手法を利用するにすぎません。統計を利用しなくても,客観的に納得のいくデータが得られていれば,統計なんか利用する必要はないのです。それにもかかわらず,統計手法を使わないといけないという呪縛にとらわれてしまっている人がいます。

統計を使うことがいつもベストであるとは限らないのです。得られたデータの中にはさまざまな情報が含まれています。にもかかわらず,へたに数量化したり,限られた統計手法を使ってしまったりするために,統計の手法に乗る部分だけのデータでしか物が言えないようなことになってしまうこともありえます。1章でも述べましたが,統計分析というのは,たくさんのデータを少ない情報にまとめあげる作業なのです。情報が少なくなるため,データが見やすくなるということなのです。しかし,一方で,統計分析をするということはたくさんのデータがもっている豊富な情報を失わせることでもあるのです。因子分析によって,因子という数個の情報にまとめあげるということは,有益なことではありますが,同時に因子分析に乗らない多くの情報を捨てているのです。

項目選定	偏った質問項目の作成 偏った変数の選定
↓	
データ収集	測定に伴う誤差 バイアスのかかった回答 いい加減な回答 サンプリングのまずさ
↓	
データ入力	入力ミスによる誤差
↓	
因子抽出	共通性推定 因子数決定 抽出法の選択
↓	
因子軸回転	回転方法の選択 パラメータの設定
↓	
因子の解釈	偏った解釈

(データ入力〜因子軸回転が「因子分析」)

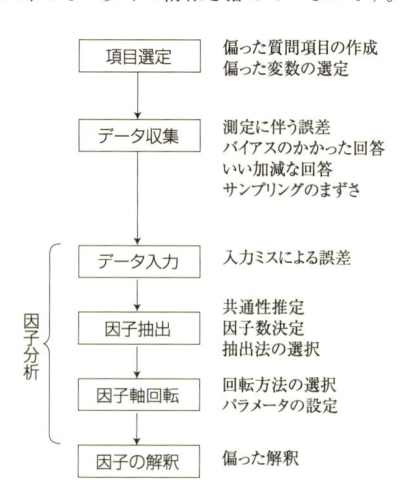

図 3.2.1 因子分析のデータ収集から結果の解釈に至る各段階でのバイアスや誤差

さらに,必要以上に統計に厳密さを求めてしまうこともあります。統計は数学的な厳密さをもっていますから,厳密に行なうことはけっして悪いことではないのですが,データ

3.2 因子分析はうさんくさい

を得るまでの段階におけるバイアスや誤差，結果の解釈におけるバイアスや誤差を考えると，統計だけに厳密さを求めてもしかたないところがあります。図3.2.1を見てください。私たちが因子分析を行なって，その結果の解釈にいたるまでにはいろいろなバイアスや誤差が入ってくる可能性があります。そのため，因子分析の統計処理段階においてのみ厳密にやっても意味がありません。特に，因子分析は他の統計分析と異なって，最終的に因子名称を決めるところは人間に委ねられているわけです。そのため，結果として出てくる因子負荷に多少の高低があっても，因子寄与率が多少低かろうと，結果の解釈には，大きな影響を及ぼさないのです。厳密に行なってもそうでなくても，結果はそう変わらないのです。

たとえば，現実的な問題として，主成分分析と因子分析とは違うものだからといったことを述べました。しかし，前節で示しましたように，間違って主成分分析を行なった場合と，正しく因子分析を行なった結果を比較してみると，さほど変わらない結果が出てしまうのです（表3.1.4）。因子の解釈として全く違った解釈をしないといけないような結果にはならないのです。回転にしても，因子間に全く相関がなくて独立だということはありえないため，直交回転よりも斜交回転が望ましいというような議論がありますが，これとても，じゃあ，直交回転でやった結果と斜交回転でやった結果が因子の解釈として全く違ったものになるかというとそうでもないのです。もちろん，斜交回転のほうがより単純な構造になり，その因子負荷も異なります。しかし，因子の解釈の上で，異なる因子名がつけられるということはありえないでしょう。

さらに，質問紙尺度を構成する場合など，尺度得点は単純な合計を出すことが多いのですが，この場合因子負荷の高低は考慮していないのです。因子負荷の多少の高低はさほど問題ではなくなってしまうのです。因子分析は，何かを予測したりすることを目的とする分析ではありませんので，因子負荷の厳密な値を求めることにはさほど神経質になる必要はないはずです。重回帰分析や判別分析のような予測を目的とする場合，その関数の係数の微妙な変化が予測結果に影響しますが，因子分析の場合は，最終的な結果の解釈に影響を及ぼすものではありません。

厳密に行なうことはけっして悪いことではなく，それを否定するものでもありません。しかし，厳密に行なったからといって，そこで得られた分析結果の値が1人歩きしてしまうことが恐いのです。因子分析の場合，因子分析をどの程度厳密に行なったかよりも，どのような観測変数や質問項目を準備したかのほうが圧倒的に結果を左右してしまうのです。たまたま準備した観測変数や項目で行なった因子分析の結果出てきた因子が，因子分析という数学的な処理の魔術によって絶対的価値をもったものとされてしまうのが恐ろしいのです。そのあたりのことを十分に理解した上で，統計的な厳密さを考えないといけないのです。

■ データをいかにとるかが問題

因子分析を行なうときに，もっとも大事なのは，いかにデータをとるかということです。

3章　因子分析の正しい使い方

後の分析の手法や解釈の吟味の良し悪しよりも，データのとり方のほうが，最終的な結果に与える影響は大きいのです。先ほど観測変数や質問項目の偏りについて述べましたが，偏った観測変数や質問項目ではダメですし，妥当性のないものもダメです。質問項目の場合，こちらが意図していることをほんとうに尋ねている質問になっているかどうかは，何度も第三者に回答してもらって，予備調査をしなければ，よい質問紙はできません。学問分野によっては違うかも知れませんが，心理学では，どのような質問をするかが最大の問題なのです。心理学では，調査，観察，実験などを通して，人の心を探ろうとする実証学問であり，調査，観察，実験のやり方が問題であっては，致命的です。このあたりのことは，心理学を学んだことのない人には，どうも十分理解されていないようです。心理学以外の分野の人が心理学的な方法論をとろうとしているときや，これから心理学を学ぼうとしている人は，そのあたりのことを簡単に考えすぎているところがあるようです。卒論の学生を指導していると，質問紙を作ることがいとも簡単にできるように思っているのです。誰にでも簡単に質問紙を作ることができるのならば，学問としての心理学は意味をもたなくなります。どんな質問項目で回答を求めるのかそれをいかに吟味していくかが心理学に課せられた課題で，それをうまくやることができるようになってはじめて心理学を学んだことになるのです。ここで，うまくやるというのは，結果がうまくできるというのではなく，質問項目を作るまでのプロセスがいかに妥当なものであったかということです。結果がうまくいかないのは科学の常であり，うまくいかなかったことを次のステップに活かすことができればよいのです。失敗を次のステップに活かすことができるかどうかは，その失敗例もきちんとしたやり方でなされたかどうかにかかってきます。

因子分析はどちらかというと，その失敗のプロセスの中に組み込まれるべき統計ツールなのです。この本で話をしてきたのは探索的因子分析といわれるように，試行錯誤のツールなのです。結果の最終的な解釈ではなく，観測変数や質問項目がそれでよかったのかどうかを因子分析によって確かめるのだと考えたほうがよいでしょう。

■ 因子分析リタラシー

因子分析は，何度も言いましたように，答えのある分析ではなく，自分のもっているデータからもっとも都合のよい答えを見つけ出すという分析です。そのために，ある意味では，分析する人の主観的判断でいかようにも結果を出すことができるのです。答えがはっきり出てくる分析であれば，コンピュータまかせで事がすむのですが，人の判断にかなりの部分が委ねられている分，因子分析は，分析結果を正しく見る目と，分析を正しく使う能力が要求されるのです。

最近よくリタラシー（literacy）ということばを耳にします。日本語では「読み書き能力」とか「活用能力」と訳されたりしますが，原語の「リタラシー」あるいは「リテラシー」をそのまま使うことが多いようです。もともとは，「読み，書き，そろばん」といったように，基本的に身につけておかなければならないことを指していたわけです。最近は，それぞれの分野での基本的な活用能力を指すことばとして定着しつつあります。

3.2 因子分析はうさんくさい

　もっともよく使われるのが「コンピュータリテラシー」です。コンピュータのもっている特徴をよく理解し，正しい使い方をし，仕事や勉強に活用していくということです。さらに，情報リテラシーやメディアリテラシーということばも耳にします。現在，情報がさまざまなメディアを通じて発信され，莫大な情報を私たちは手にします。さらに，私たち自身が情報の発信者となることも少なくありません。その中から，自分にとって必要な情報を取捨選択し，また正しい情報の発信のあり方を養う必要があるというものです。

　情報は，ニュースというような形で報道されるものだけではありません。学術的な情報もあります。最近，社会学が専門の谷岡一郎さんが，『「社会調査」のウソ』という本を著わしておられ，「リサーチ・リテラシー」ということばを使っておられました。いろいろな調査結果の中にはかなりいい加減になされたものも少なくありません。自分たちの主張を通したいために，一部の結果だけが利用されていたりしています。表に出てくるものは調査結果だけ示してあって，その方法や分析のしかたなどがわからないままに，科学的な信憑性があるかのようなデータとして語られてしまうことがあるようです。このような調査データを見抜く目をもつ必要があるのです。さらに，調査データを見るときだけではなく，私たち自身が調査をする場合にも，正しいやり方を行なわないといけません。これが「リサーチ・リテラシー」です。

　同じようなことが因子分析にも言えると思います。因子分析ということばの響きには，何かすごい分析をやったという感じがあります。でも，それはデータ分析の1つの道具に過ぎないのです。多変量解析という魔法の力を借りて，なんかすごいことをやっているかのような誤解をもってしまってはいけないのです。一昔前は因子分析をするということだけで一大作業だったわけで，それだけで評価されました。しかし，今は，統計パッケージさえ手に入れれば簡単にできます。それだけに訳もわからずやってしまうケースもあるかもしれません。因子分析を正しく読む能力と行なう能力，つまり**因子分析リタラシー**が要求されるのです。

4章 Q&Aと文献

4.1 Q&A

　ここでは，よくある質問とその回答をまとめてみました。ここでの質問に対する回答のほとんどは1章から3章で詳しく触れています。そこを読むのが面倒だと思われる方，あるいは，一度読んだけど，ちょっと確認したいという方のために，Q&A集という形でまとめてみました。また，本文では書けなかった付加的な話も少し入っています。

● データの取り方

Q. 観測変数はどのようなものでないといけないのでしょうか？
A. 間隔尺度か比例尺度であることが必要です。

Q. 観測変数はどの程度必要なのでしょうか？
A. 1つの因子を説明するのに，3～4は最低必要でしょう。

Q. データ数はどの程度必要でしょうか？
A. 観測変数の5～10倍程度を目安とするといいでしょう。

● 因子分析の計算

Q. 因子抽出法はどれを選べばよいのですか？
A. 特に決まりがあるわけではありません。最近では最尤法を勧める人も多いようです。本書では初心者にわかりやすい最小二乗法を使っています。自分のデータでコンピュータがちゃんと計算してくれればよしとしてかまいません。最終的に自分の解釈に合うようなものであればいいのです。

Q. 最尤法を使って適合度の検定をすべきだといわれたのですが……
A. 因子分析がどの程度うまくいったかを示す数学的な指標として適合度を利用することがあります。その場合には，最尤法を使うのが妥当でしょう。ただし，いきなり最尤法は使わないほうがよいでしょう。最尤法を使うと，適合度が低く出ることがあります。そのときに，どのようにして適合度を高くすればいいのかは，ちょっと難しいのです。初心者

の方は，適合度のことを考えるよりは，自分のデータをどのように解釈できるのかを考えて因子分析をすることが大切です。まず，因子の解釈可能性や因子負荷の見方をまず勉強することが必要だと思います。それが十分に理解できたときに適合度を考えたほうがいいと思います。

Q. 共通性の初期値は何を使えばいいのでしょうか？
A. SAS の場合，オプションとして共通性の初期値を指定できるようになっていますが，最小二乗法とか最尤法の場合，このオプションを設定する必要はないと思います。

Q. 初期解の計算の途中に「共通性の推定が1を越えた」というメッセージが出ますが，これはどうしたらいいのでしょうか？
A. 共通性の初期値を変えてみましょう（ただし，SPSS では共通性の初期値の選択ができません）。次に，因子抽出法を変えるのがいいと思います。ただし，データ数が足りないなどの原因の場合もあり，因子抽出法を変えても改善しないことがあります。データ数が不十分であったり，データ入力のミス，変数の取捨選択がまずい可能性があります。

Q. 因子の数はどうやって決めるのがベストなのでしょうか？
A. いくつかの決め方があります。いくつかの決め方があるのというのは，ベストのやり方がないということでもあります。自分のデータをどれだけうまく解釈できるかに応じて決定すればよいでしょう。最近ではスクリープロットで決めるやり方が多いようで，数学的にはスマートかもしれませんが，これでうまくデータを説明できないと意味はありません。とりあえずは，何も指定しないやり方でやってみましょう。SPSS も SAS も固有値を基準に使っています。その後，スクリープロットでやってみるとか，因子負荷の値を見て，自分のデータがうまく説明できるかどうかによって，因子の数で指定するなど，試してみることが必要でしょう。

Q. 固有値の値1.0以上という基準で因子の数を決定するとき，相関係数行列でないとだめだと聞きましたが，これはどういうことですか？
A. 固有値の計算は，因子を抽出するときに行なうのですが，共通性の初期値にどの値を使うかによって結果が異なってきます。多くの場合，重相関係数の平方（SMC）という値を共通性の初期値に使うことが多いのですが，この場合の固有値の計算だと，固有値を1.0以上にするという基準では意味がなくなってしまうのです（この場合，0以上という基準が意味をもつのですが，こまかい話は省略します）。共通性の初期値に重相関係数の平方をもってくるというのは，相関係数行列の対角の部分（同じ変数どうしの相関で1.0となっているところ）を，この重相関係数の平方に置き換えるということになります。ですから，相関係数行列ではなくなってしまっているのです。

一方，相関係数行列で計算をしていく場合は，対角の部分は1.0のまま，言い換えると，共通性を1.0とした場合になります。このときだけ，固有値1.0以上という基準が生きてく

るのです。したがって，相関係数行列ではないとだめという言い方がなされるのです。

このあたりのところが，実は，統計パッケージによって扱いが異なりますので，注意が必要です。次のQ＆Aで簡単に説明をしておきます。

Q. SPSSとSASで固有値の計算が異なると聞いたのですが，固有値を基準として因子数を決めるときには，どうしたらいいのでしょうか？

A. 固有値の計算自体が異なるわけではありません。因子の数を決定するときに，SPSSでは少し気配りをしているため，表面的に固有値の計算が異なるように見えるわけです。

SPSSの場合，共通性の初期値を利用者が設定できません。しかし，因子数の決定には，最小固有値1.0という基準をデフォルトにしています。ところが，前記のQ＆Aで話をしましたように，共通性の初期値に何をもってくるかによって固有値の基準を変えなければならないわけです。SPSSの場合，利用者は共通性の初期値に何を使っているかわかりませんので，最小固有値が1.0のままでいいのかどうか迷ってしまいます。そこで，SPSSは，因子数を決定するときの固有値の計算と因子を抽出するときの固有値の計算を別々に行なっています。因子数の決定をするときは共通性を1として，最小固有値の1.0という基準が生きるようにしています。そして，因子抽出法の計算をするときは，その因子抽出法に応じた共通性の初期値（多くの場合 SMC）を使うようにしています。したがって，利用者は，固有値1.0以上の基準で決められていると理解しておいていいのです。そのため「初期の固有値」(p.111参照)の欄の値を使って，因子数の判断をすることができます。

一方，SASの場合，SPSSのようにはやってくれません。利用者のほうで，どの値を共通性の初期値として使っているのかを意識していないと，間違った基準になってしまいます。たとえば，重み付けのない最小二乗法の場合，共通性の初期値はデフォルトでSMCになっていますので，ここで算出された固有値から1.0以上という基準で因子数を決めるわけにはいきません (p.116参照)。最小固有値を因子数の基準として決める場合，次のように2段階でやることが無難でしょう。まず，抽出法 (method) も含め何もオプションを指定せずに，因子分析を行ないます（共通性の初期値を1とした主成分解が出てきます。厳密には主成分分析を行なっていることになります）。そこで出てきた固有値を見て，1.0以上という基準で因子がいくつ出てくるかを見ておきます。そして，改めて，自分が行ないたい因子分析の抽出法で行なうというやり方です。

●回転に関するもの
Q. 回転は必ずやらないといけないのですか？

A. 必ずやらないといけないわけではありません。ただし，回転をしないと，自分の思い通りの結果になることはまずありません。したがって，実際問題としては回転をしないといけなくなります。

Q. 直交回転と斜交回転のどちらを選択するのがよいのでしょうか？

A. 特別のことがなければ，斜交回転で行なうのがいいと思います。ただし，はじめて因子分析をやる人や勉強のために行なうことを考えている人は，まず直交回転でやってみるほうがいいでしょう。

Q. 直交回転ではどれを用いればよいのでしょうか？
A. どのような構造になるのが自分のデータにうまく合致するかを考えなければなりませんが，とりあえず，バリマックス回転を行なうのがよいでしょう。それから，クォーティマックス回転をやってみましょう。次にエカマックス回転をやってみるのがいいと思います。こうして，自分のデータにうまくあいそうなのを選んでみましょう。

Q. 斜交回転ではどれを用いればよいのでしょうか？
A. 単純構造をめざすならば，とりあえず，プロマックス回転をやってみましょう。あるいは，直接オブリミンをやるのがいいでしょう。後は，自分のデータがうまく解釈できるかどうかで，いろいろ試してみることが必要です。

Q. 斜交回転の結果の見方がわからないのですが……
A. 斜交回転といっても，ただ軸の回転を別々に行なうために，結果的に軸が斜めに交わるということにすぎません。それほど難しい話ではありません。本文を読んでいただくとそれほど難しいことではないことがわかっていただけると思います。

Q. 統計パッケージを使って回転するのに，回転角を指定して回転させることができるのでしょうか？
A. 残念ながらできません。2因子程度ならば，目で見ながら回転角を指定して行なうことも可能でしょうが，因子数が増えたりすると角度を指定して行なうことは，現実的には難しいことですので，ある数学的な基準に基づいた回転法に頼ることになります。

● 結果の見方
Q. 因子負荷は，因子との相関と考えてよいのですか？
A. 回転前の初期解や直交回転の場合は，いわゆる相関係数になります。しかし，斜交回転の場合はそうではありません。斜交回転の場合，いわゆる相関係数ではありません。影響力の強さと考えるといいでしょう。厳密な言い方をすると，標準偏回帰係数というのが因子負荷になります。

Q. 因子負荷はどのような範囲の値をとるのですか？
A. 直交回転の場合と斜交回転の場合で異なります。直交回転の場合，因子負荷は，−1.0〜1.0の値になります。回転前の初期解（因子軸は直交しているため）でもこの範囲になります。理論上−1.0や1.0はありえますが，通常この値をとることはありません。しかし，斜交回転の場合は，1.0あるいは−1.0を越えることもあります。

4.1 Q&A

Q．斜交回転の場合，相関係数も1や-1を越えることはあるのでしょうか？
A．いいえ。越えることはありません。

Q．因子構造と因子パターンとどう違うのですか？
A．回転前の初期解や直交回転の場合，因子構造と因子パターンの区別はなく同じ物です。因子構造と因子パターンを区別するのは，斜交回転の場合です。斜交回転の場合，因子軸を回転した後に，各観測変数から，因子軸に線を下ろすとき，2通りの線の下ろし方が考えられます。因子軸に直角に下ろす場合と他の因子軸に平行に下ろす場合です。直角に下ろしたときの値が相関係数になり，この相関係数を使って観測変数と因子との関係を表わしたのが因子構造といわれるものです。一方，他の因子軸に平行に下ろした場合が，因子負荷になります。因子負荷が因子パターンとなります。因子名を決定したりする場合には，一般に因子パターンを利用して行なうことになります。

Q．因子負荷が，どの程度の値以上になった場合に，因子と関連があると考えてよいのですか？
A．特に決まりがあるわけではありません。0.3くらいを目安にすることが多いようです。これよりも低い値では考えないほうがいいでしょう。後は自分のデータをどう説明するかによって，0.4でも0.5でもかまわないでしょう。一貫した基準をもっていれば大丈夫です。

● 観測変数（項目）の取捨選択
Q．複数の因子にまたがって高い因子負荷を示した項目は削除しないといけないのですか？
A．いいえ。ただし，質問紙尺度を構成するときには，複数の因子にまたがって関連のある項目があると，尺度の得点を計算するのが面倒になりますから削除することがあります。

Q．因子負荷や共通性が低い観測変数は削除しないといけないのですか？
A．削除すべきかどうかは，その観測変数に関連のある因子の存在をどう判断するかによります。その観測変数に関連のある因子が存在しないと判断できれば，削除してもかまいません。ただし，その観測変数に関連のある因子が存在するはずだと判断するのであれば，さらに観測変数を増やすなどすることによって，再度因子分析をすることが必要でしょう。

● 質問紙尺度関連
Q．質問紙尺度を構成する場合，必ず因子分析をする必要があるのでしょうか？
A．必ずというわけではありませんが，行なったほうがよいでしょう。ただし，因子分析を行なうことは必要条件にはなることはあっても，十分条件ではありません。因子分析を行なったからといって，それで問題のない質問紙尺度が構成できるわけではありません。因子分析を行ない，質問項目の取捨選択を行なえば，項目間の信頼性を確保することはで

きます。しかし，その質問内容が本当に尋ねたいことになっているかどうかという妥当性の検討は別に必要になってきます。

Q. 質問紙尺度などの場合，因子分析後に各尺度の値を因子得点ではなく，単純合計をするのはなぜですか？
A. 因子得点の算出がややこしいために，単純合計を出している場合もありますが，積極的に単純合計がよいと考える人もいます。因子得点の場合，ほとんど関係なさそうな項目まで因子得点の計算に関わってくるため，むしろそういったことを排除して，関係のある項目だけで合計を出すのがよいという考えです。因子得点と単純合計のどちらを使うにしろ，長短があることを考えて利用すべきでしょう。

● 因子寄与関連
Q. 因子寄与と因子寄与率はどう違うのですか？
A. 因子寄与は，ある因子が説明できる分散の大きさを示すものです。その因子寄与をもとにした因子寄与率には2種類あります。1つは，各因子寄与を全観測変数の分散である観測変数の数で割ったものです。もう1つは，各因子寄与を全ての因子寄与の合計で割ったものです。前者は全観測変数の分散に対する当該因子の説明率，後者は共通因子における当該因子の説明率ということになります。直交回転の場合は，以上の説明で問題はありませんが，斜交回転の場合，各因子間に相関があるため上記の方法を単純に適用することはできません。詳しくは本文を参照して下さい。

Q. 斜交回転の場合，なぜ2つの因子寄与が存在するのですか？
A. 斜交回転の場合，因子の間に相関があるため，単独の因子と観測変数の間の関係は簡単に決められません。観測変数に影響を与えている因子の1つだけを取りあげてその影響を指標として示すことができないのです。そのため，他の因子の影響を無視して，相関が高いように推定（他の因子の影響を無視した因子寄与）するか，他の因子の影響を除去して，相関が低いように推定（他の因子の影響を除去した因子寄与）するという2つの方法で計算しているのです。

Q. 因子寄与率を書いてないものがあるのですが，書かなくてよいのでしょうか？
A. 因子寄与率は，直交回転の場合は簡単に求めることができます。そのため，直交回転の場合はだいたい書いてありますし，書いたほうがよいと思います。しかし，斜交回転をすると，因子寄与率は単純には出てきません。2通りの出し方があって，その解釈も面倒です。そのため，書かない場合がありますし，書かないことを勧める人もいます。

● 他の多変量解析との関係
Q. 因子分析と主成分分析はどう違うのですか？

A. 因子分析はいくつかの項目に共通の潜在変数を見つけ出す手法です。主成分分析はいくつかの項目から合成変数を見つけ出す手法です。ただし，実際の計算方法がよく似ているため，広義の因子分析の1つとして主成分分析を位置づけることもあります。主成分分析は，因子分析において，因子の抽出をくり返しのない主因子法で行ない，共通性の初期値を1として，独自因子を考慮せずに計算するやり方なのです。

Q. 検証的因子分析がはやりのようですが……
A. 検証的因子分析は，一種の共分散構造分析であって，いわゆる因子分析である探索的因子分析とは区別したほうがいいと思います。ふつうに因子分析といったときには，潜在因子を見つけ出すために行なうわけで，それがもともとの因子分析の目的です。検証的因子分析は，潜在因子をあらかじめ指定しておいて，それでうまくいくかどうかを試すだけです。そういう意味で検証的なのです。

Q. 検証的因子分析は，SPSS の因子分析メニューあるいは SAS の FACTOR ではできないのでしょうか？
A. できません。SPSS の因子分析メニューや SAS の FACTOR でできるのは，探索的因子分析です。同じ因子分析という名称がついていますが，やり方が異なりますのでできません。検証的因子分析を行なうには，共分散構造分析のプログラムを使います。SAS の場合は，CALIS を使います。SPSS では検証的因子分析のメニューはありませんが，Amos というグラフィカルにできるパッケージ（別売）がありますので，それを利用してください。

Q. 共分散構造分析の統計パッケージで，（探索的）因子分析ができるのでしょうか？
A. 例外的にできるパッケージ（EQS）もありますが，原則的にはできないと考えたほうがよいでしょう。多変量解析のほとんどは共分散構造分析の統計パッケージでできますが，（探索的）因子分析はできません。もっとも，SAS のように同じ統計パッケージの中に因子分析の FACTOR と共分散構造分析の CALIS が含まれているものもありますから，その場合は，もちろん，両方できることになります。なお，共分散構造分析のプログラムは多くの多変量解析ができますが，重回帰分析とか分散分析とかを行なう場合，個別に準備されているものを使うほうが使いやすいため，共分散構造分析のパッケージであればすべてができると考えないほうがいいでしょう。

Q. 構造方程式とは何ですか？
A. 観測変数や潜在因子の関係をあらかじめ指定した式です。共分散構造分析は，観測変数や潜在変数の関係性を構造という形であらかじめ定義しておき，その構造が妥当なものかどうかを検証するというものです。したがって，まずその構造を定義しておく必要があるのです。その定義をしたものが構造方程式になります。

この本では，すべて構造方程式という言い方をしてきましたが，厳密には狭義の構造方

程式と測定方程式を区別する必要があります。潜在因子の間での関係を指定するものを構造方程式というのに対して，観測変数と潜在因子の間の関係あるいは観測変数と観測変数の間の関係を指定するものを測定方程式と言います。

●全般

Q. 因子の数の決め方，因子寄与率がどの程度がよいのかといった明確な基準がなく，あいまいなような気がします。

A. 数学的に明確な基準があるわけではありません。そういう意味ではあいまいかもしれません。しかし，データをうまく解釈できるかどうかという基準があり，そういう意味では明確な基準があります。統計分析に対しては，数学的な基準で明確な答えを出してくれるのを期待してしまいがちですが，因子分析は，分析者がしっかりとした基準をもって，それに合うように分析をやっていくことが大切です。

Q. 因子分析を行なった場合，クローンバックの α 係数を算出する必要があるのでしょうか？

A. いいえ。もともと α 係数は因子分析とは関係ありません。α 係数は，質問紙尺度を構成するときに，同じ因子内の項目に一貫性があるかどうかを示すための信頼性の指標です。したがって，質問紙尺度を構成するときなどの目的に因子分析をしたときでないかぎり算出する必要はありません。

Q. 1つのデータで因子分析は何回も行なう必要があるのでしょうか？

A. 因子抽出法，因子の数，回転方法などをあれこれ変えて，自分でデータがうまく説明できるように行なう必要があります。したがって何回か行なうことがよいでしょう。その過程の中で，項目を削除したり，因子の数を増減させていったりすることが必要になります。

Q. 因子抽出法や回転法の選択には「自分のデータがうまく解釈できる」ということが強調されていますが，うまく解釈できるかどうかは専門家に見てもらわないといけないのでしょうか？

A. いいえ。自分で判断する必要があります。データをどう解釈するかというところに，分析者のアイデンティティが出てくるわけですから，他人にやってもらうわけにはいきません。少なくとも，データの解釈については，統計の専門家はわかりません。分析対象のデータの分野の専門家でないといけないはずです。仮に先生や先輩にアドバイスをもらうとしても，それは統計に詳しい人ではなく，その研究分野に詳しい人のアドバイスが必要になります。

Q. 因子分析をしたときに論文にはどのようなことを書いておくといいのでしょうか？

A. 因子抽出法，因子数の決め方，回転の方法，因子名は最低限書く必要があります。直

交回転の場合，因子寄与も書くとよいでしょう。質問紙尺度を構成する場合，項目を削除したときには，その項目削除の基準（因子負荷の最低値，複数の因子に負荷量が高かった場合の処理など）を書いておきましょう。

Q. もっと詳しく勉強したいのですが……
A. 書籍については，次節に文献をまとめ，そこに詳しく書きました。書籍以外ではホームページにいろいろと勉強になることが掲載されています。0章でも紹介しましたように，堀先生が詳細なリンク集 (http://ww.ec.kagawa-u.ac.jp/~hori/statedu.html) を作っておられます。このリンク集では，その他の統計分析のリンクも集めておられますので，それも参考になると思います。本書を書く上でもかなり参考にさせていただきました。

Q. どのような統計パッケージがいいのですか？
A. いろいろすぐれたものがあると思いますが，多くの人が使っているというものが，人にも尋ねやすいし，参考書も多く出ています。次の SPSS と SAS の2つを推薦します。いずれも，大型計算機時代からよく使われていて，今はパソコンでも利用できるようになっています。

SPSS (Statistical Package for the Social Sciences)
本書でも使い方を示しています。Windows のメニューから選択すれば分析ができますので，初心者には向いていると思います。日本語のメニューで，結果の出力も日本語で出てきます。メニューから選ばずに，プログラムを作ることもできますので，中級以上の方でも OK です。ただし，マニュアルはわかりやすいとはいえません。必ず参考書を買って，データの入力のしかたなどを理解してから行なうほうがいいでしょう。参考書は巻末にまとめています。

SAS (Statistical Analysis System)
SAS は，簡単なプログラムを作成するだけで実行できます。出力結果が日本語ではありませんが，SPSS にはないさまざまな情報が出力されます。SPSS はどちらかというと初心者向きですので，SPSS では物足りない方は，SAS がお勧めです。ただし，年間契約になりますので，個人ユーザにはちょっと不向きでしょう。

Q. 統計パッケージによって，結果は異なることがありますか？
A. 基本的には変わらないと考えてよいでしょう。プログラムが違うため，厳密に言えばまったく同じになることはありませんが，結果が異なって困るというようなことはありません。ただし，出力結果の中で同じ表現を使っていても算出しているものが異なっていたり，初期パラメータの設定などが異なっていることがあります。そのため，まったく同じように2つの統計パッケージで行なったつもりでも，違う結果になってしまうことがあります。

本書では SPSS と SAS の結果を示していますが，本書で紹介しただけでも，固有値の

出力が異なっていたり（前記のQ&Aを参照してください），因子寄与の出力内容，プロマックス回転のパラメータなどが異なっていたりしています。

Q. 論文などに書くときに，利用した統計パッケージを書く必要はあるでしょうか？
A. 書くべきだという人もいるようですが，ほとんどの場合書く必要はないでしょう。書くべきかどうかは，論文全体の中で因子分析がどの程度の位置を占めているかによって決まってきます。どの内容をどこまで細く書くべきかは，一般の論文と同様，その研究テーマによって異なります。研究テーマが因子分析そのものに焦点を当てているものでない限り，書く必要はないと思います。

4.2 文献

● 引用文献（出現順）

本文の中で出てきた文献です。

櫻井成美　1999　介護肯定感がもつ負担軽減効果　心理学研究，**70**, 203-210.
田中堅一郎　2000　日本語版セクシュアル・ハラスメント可能性尺度についての検討：セクシュアル・ハラスメントに関する心理学的研究　社会心理学研究，**16**, 13-26.
安藤満代・箱田裕司　1999　ネコ画像の再認記憶における非対称的混同効果　心理学研究，**70**, 112-119.
鎌原雅彦・宮下一博・大野木裕明・中澤潤（編）　1998　心理学マニュアル質問紙法　北大路書房
中村知靖　2002　因子分析　渡部洋（編著）　心理統計の技法　福村出版　Pp.129-151.
谷岡一郎　2000　「社会調査」のウソ　文芸春秋

● 推薦図書

　本文で参考にしたもの，あるいは，もっと勉強したいという方の文献一覧です。上の引用文献と重複するものもあります。

◆ 因子分析および多変量解析 ……………………………………………………………………
芝祐順　1979　因子分析法第2版　東京大学出版会
　因子分析の本といえば，この本です。数学的な説明まできちんと理解したい人はこの本を読みましょう。

柳井晴夫・繁桝算男・前川眞一・市川雅教　1990　因子分析－その理論と方法－　朝倉書店
　この本も数学的にかっちりとした本です。共分散構造分析の説明も載っています。

コムリー，A. L. 1979 因子分析入門 サイエンス社
　数学的な説明もありますが，数値例を用いて丁寧に説明してあり，わかりやすくなっています。数学的な説明の部分が難しくて，読み飛ばしたとしても，因子分析に対する全般的な考え方の記述には示唆に富むものがあります。

渡部洋（編著）2002 心理統計の技法 福村出版
　心理学で利用される多変量解析の理論と応用に関して数式を最小限におさえ，利用法の注意点を中心に解説を行なっています。第8章因子分析は中村が担当しています。

山際勇一郎・田中敏 1997 ユーザーのための心理データの多変量解析法 教育出版
　SASを使った実例が豊富に書いてあります。各多変量解析はどのような場合に使うのか，そして，解析後の論文の書き方まで実例が載っています。因子分析に関しては，因子得点を使った分散分析まで含めて，いくつかの実践例が書いてあります。SASのユーザーだけではなく，SPSSなどのユーザーにも参考になります。

渡部洋（編著）1992 心理・教育のための多変量解析法入門［事例編］福村出版
　事例が豊富で，数式も出てきません。具体的に多変量解析とは，どのようなときに利用するのかがよくわかります。この事例編を読んだ後に，数学的な説明のある入門編（同じ出版社から発行）を読むのがいいかもしれません。

三土修平 2001 数学の要らない因子分析入門 日本評論社
　事例としてあげてあるものが社会科学系のものですので，社会科学系の人には参考になる本でしょう。

藤沢偉作 1985 楽しく学べる多変量解析法 現代数学社
　簡単な事例を用いて，数学的な説明をしてあります。数学的な基本を理解するには，よい本です。

Kim, J. & Mueller, C. W. 1978 Introduction to Factor Analysis : What It Is and How to Do It. Sage Publications.
Kline, P. 1994 An Easy Guide to Factor Analysis. Routledge.
　たまたま，筆者が持っている洋書2冊です。いずれも，数学的なこまかい説明がない本です。

服部環・海保博之 1996 Q&A心理データ解析 福村出版
　文字通り，統計を利用する上で疑問に思うことについての解説がなされています。数式を使っての説明がなされていますが，数式を書きっぱなしではなく，文章できちんと説明がなされており，わかりやすくなっています。因子分析についても丁寧に説明されています。因子分析についての数学的理解に入ってみたいという人には好適の本です。

佐伯胖・松原望（編）2000　実践としての統計学　東京大学出版会
　　第2章で，因子分析と主成分分析との違いについて，データを用いてかなり詳細に説明されています。そして，因子分析の本質についても解説があり，とても参考になります。
　　この本のスタンスは，統計をマニュアルにしたがって手順通りにするだけではだめだという考え方です。

田中敏　1996　実践心理データ解析―問題の発想・データ処理・論文の作成―　新曜社
　　第3部の前半でかなりのページを割いて因子分析について説明してあります。質問紙の作り方，SASでのデータ入力，プログラムの作り方，結果の見方，解釈のしかたまで，詳細に説明してあります。Q＆Aやチェックシート（マニュアル）まで準備されています。さらに，探索的に因子分析を行なっていく場合について，具体的なデータを用いて説明されていますので，参考になります。

◆統計パッケージの利用のしかた……………………………………………………………
石村貞夫　2001　SPSSによる統計処理の手順［第3版］　東京図書
石村貞夫　2001　SPSSによる多変量データ解析の手順［第2版］　東京図書
　　SPSSの使い方の定番の本です。SPSSを使う方は手元においておくとよいでしょう。

内田治　2002　すぐわかるSPSSによるアンケート調査・集計・解析［第2版］　東京図書
　　アンケート調査に特化していますので，利用目的がはっきりしている人にはお勧めです。

◆共分散構造分析関係………………………………………………………………………
豊田秀樹（編）1998　共分散構造分析［事例編］―構造方程式モデリング　北大路書房
　　共分散構造分析の具体的事例として，よい本です。この本を眺めてみると，共分散構造分析のイメージができ上がってきます。その後で理論について書いてある入門書を読むのもいいでしょう。

豊田秀樹・前田忠彦・柳井晴夫　1992　原因をさぐる統計学―共分散構造分析入門―　講
　　談社ブルーバックス
　　共分散構造分析のもっともわかりやすい入門書でしょう。因子分析についても書いてあります。この本を読むと，因子分析や重回帰分析がどのように共分散構造分析と関係しているのかが見えてきます。

田部井明美　2001　SPSS完全活用法共分散構造分析（Amos）によるアンケート処理
　　東京書籍
　　初心者向けに書かれており，Amosの使い方もわかりやすく，初めて使う人には適していると思います。

狩野裕・三浦麻子　2002　グラフィカル多変量解析・増補版―AMOS，EQS，CALIS による　目で見る共分散構造分析―　共立出版

　共分散構造分析について，数式をほとんど使わずに，図解でわかりやすく書かれています。ソフトウェアの使い方も画面が載せてありますので，この本を読めば，簡単に共分散構造分析ができるでしょう。因子分析の章では，検証的因子分析と探索的因子分析の違いが明確に書かれてあります。

◆質問紙構成関係……………………………………………………………………………

鎌原雅彦・宮下一博・大野木裕明・中澤潤（編）　1998　心理学マニュアル質問紙法　北大路書房

　質問紙を作ろうという人には必読の本です。心理学の分野以外の方でも質問紙の作り方の勉強になります。通読してもかまいませんし，文字通りマニュアルとして手元においておくことをお勧めします。

村田光二・山田一成（編著）　2000　社会心理学研究の技法　福村出版

　質問紙の解説もすぐれていますが，実験的方法，テーマ別の事例，そして文献の探し方まで，文字通り研究全般について解説をしてあります。社会心理学や社会学を勉強しようという方は読んでおくことが必要でしょう。

池田央　1973　心理学研究法第8巻テストⅢ　東京大学出版会

　テストについての信頼性や妥当性についてきちんと学ぶには，このような本がよいでしょう。

5章 用語集&索引

あ行

用　語	説　明	ページ
アルファ係数	☞クローンバックのアルファ係数	
一般化された最小二乗法	☞重み付き最小二乗法	
因子間相関 inter-factor correlations	因子と因子の間の相関を表わすもの。回転が斜交の場合に生じる。直交回転の場合，因子間相関はない。 ➲斜交回転	74-75
因子寄与 variance explained	ある因子で説明できる分散の大きさを表わす指標。因子ごとに算出される。➲因子寄与率	19-22, 84-90, 110, 164
因子寄与率 proportion of variance explained	ある因子によって説明できる割合。各因子寄与を全観測変数の分散となる観測変数の数で割る方法がよく用いられる。単に，寄与率ともいう。 ➲因子寄与，累積寄与率	20-23, 84-87, 164
因子構造 factor structure	因子と観測変数との間の相関係数。直交回転の場合，因子パターンと同じになるが，斜交回転の場合は因子パターンの値とは異なる。 ➲因子パターン，直交回転，斜交回転	70-74, 86-88, 163
因子数 number of factors	抽出された因子の数。因子の決め方は，固有値，因子寄与，解釈可能性などで決めることになる。 ➲固有値，因子寄与，解釈可能性，カイザーガットマン基準	52-56, 108, 109, 160, 166
因子抽出法 method of factor extraction	初期解を出すまで行なわれる因子の抽出方法。主因子法，最小二乗法，最尤法などがある。 ➲主因子法，最小二乗法，最尤法，初期解	44-46, 92, 159
因子得点 factor score	各因子のもつ値。因子得点と因子負荷の積の合計となるように観測変数を分解していくのが因子分析。因子得点は直接求めることはできず，推定することになる。➲因子得点重み付け係数	26, 93-103, 132, 164
因子得点重み付け係数 scoring coefficient	因子得点を算出する場合，個々のケースの観測変数の値（実際は標準化した値）にこの係数を掛け合わせていけば因子得点が算出されるようにしたもの。 ➲因子得点	101, 102
因子パターン factor pattern	因子負荷のこと。直交回転の場合，因子構造と同じになるが，斜交回転の場合，因子構造とは異なる値になり，因子構造と区別するときに用いられる。 ➲因子負荷	70-74, 88, 163

5章 用語集&索引

用語	説明	ページ
因子負荷 factor loading	因子の観測変数に対する影響の強さを示すもの。因子分析は、この因子負荷を計算することが最大の目的となる。因子の名称を決定するときには、この数値をみて決める。➔因子パターン	11-14, 48, 58-60, 70-75, 162, 163
因子負荷の平方和（自乗和，二乗和） sum of squared factor loadings	観測変数ごとに算出したものは共通性となり、因子ごとに算出したものは因子寄与となる。ただし、斜交回転の場合、このような関係性は保たれない。➔因子寄与，共通性	20, 21, 84
因子名 factor name	因子につける名称。因子分析の結果として因子名が出力されるわけではない。因子負荷などの分析結果を見て、人間が決めるもの。➔因子負荷，因子パターン	11, 28, 60, 64, 108, 109, 153, 155
エカマックス回転 equimax rotation	各因子寄与が等しくなるように回転する。➔直交回転	76
オーソマックス回転 orthomax rotation	パラメータの指定によって、クォーティマックス、バイクォーティマックス、バリマックス、エカマックス、パーシマックス、因子パーシモニーとなる。直交回転の一般形ともいえる。➔直交回転	76
オブリミン回転 oblimin rotation	斜交回転のひとつ。因子構造を単純化する。バイクォーティミン、コバリミン、クォーティミンは、この基準のバリエーション。➔斜交回転	7
重み付き最小二乗法 weighted least squares	データから得られる分散共分散行列の逆行列を重みとした最小二乗法による因子抽出を行なう。重みをつけることによって、尺度の単位に依存しないでデータとモデルとの適合度を評価できる。➔最小二乗法，重み付けのない最小二乗法	45
重み付けのない最小二乗法 unweighted least squares	データから得られる分散共分散行列の値と因子分析モデルから得られる分散共分散行列の値の差が最小になるように因子を抽出する方法。➔因子抽出法，最小二乗法	45-47

か行

用語	説明	ページ
カイザーガットマン基準 Kaiser-Guttman criterion	因子数を決定するときの基準のひとつ。固有値が1以上のものを因子としてとるというもの。➔固有値	53, 160
解釈の可能性 interpretable	因子の数や回転の方法を決定するのに、データをどの程度解釈できるかということを基準にするが、その際、「解釈可能性によって」といった言い方をする。➔因子数	55, 64, 65
回転 rotation	因子軸の回転。初期解を求めた後に、一般に初期解だけでは因子の解釈が難しく、因子の解釈をしやすいように回転を行なう。回転には直交回転と斜交回転がある。➔直交回転，斜交回転	41, 42, 57-83, 161, 162
確認的因子分析	☞検証的因子分析	
間隔尺度 interval scale	データの差の値が数量として意味を持っている場合の尺度をいう。因子分析のデータとして利用できる。➔名義尺度，順序尺度，比例尺度	32, 33, 134, 139-141

観測変数 observed variable	文字通り，観測可能な変数。因子分析は，この観測変数に影響を与えている潜在因子を探るのが目的。☞潜在因子	14-16, 148-153, 159
基準軸	☞参考軸	
基準構造	☞参考構造	
寄与	☞因子寄与	
共通因子 common factor	各観測変数に共通に影響を与える因子。一般に因子分析というのは，この共通因子を探ることが目的となる。☞潜在因子，独自因子	15, 16, 21-23, 95-99
共通性 communality	観測変数が共通因子によって説明される程度を表わすもの。因子軸の原点からの距離の二乗で表わされる。直交回転の場合，各共通因子に対する因子負荷の二乗和が共通性となる。個々の観測変数ごとに算出される。☞共通因子，独自性	21-24, 48, 90-93, 98, 130, 151, 160
共分散構造分析 covariance structure analysis	潜在的因子や観測変数などの因果的な関係をあらかじめ仮定しておき，その仮定通りになっているかどうか分析を行なうもの。構造方程式モデリングともいわれる。☞構造方程式モデリング	141-147, 165
寄与率	☞因子寄与率	
クォーテイマックス回転 quartimax rotation	各項目ごとに，絶対値の大きな因子負荷のものと0に近い因子負荷のものが多くなるようにする。実際には，因子負荷を4乗して，すべての要素の和をとったものを最大にする。直交回転のひとつ。☞直交回転	76
クラスター分析 cluster analysis	多変量データを元に類似したケースをまとめていくつかのグループ（クラスター）に分けていく分析。☞多変量解析	137-141, 147
グラフ法 graphical rotation	回転をさせるのに，数量的な基準ではなく，グラフにプロットしたものを見ながら，手動で回転させるやり方。現在はコンピュータで計算させるため，使われることはない。☞回転	60, 76, 77
繰り返し iteration	因子抽出をする場合などに計算を繰り返す。繰り返しを行なっても収束しない場合があり，コンピュータで計算させる場合，あらかじめ繰り返し最大数が設定されている。☞因子抽出法	50, 51, 91-93, 130, 131
クローンバックの α 係数 Cronbach's coefficient alpha	信頼性を示す係数。因子分析とは直接関係ないが，因子分析をした後に，ある因子に関わると思われる変数の間でどの程度相関があるか（内的整合性）をみるために使われる。☞信頼性	26, 27, 105-108, 166
決定係数 coeffcient of determination	重回帰分析において，従属変数を独立変数でどの程度説明できるかを示す指標。重相関係数の平方が指標として使われ，0～1の値をとる。☞重回帰分析，重相関係数の平方	133, 134
検証的因子分析 confirmatory factor analysis (CFA)	あらかじめ因子や観測変数の間の関係を仮定しておき，その仮定通りになっているかどうかを検証することが目的で行なわれる。確認的因子分析ともいう。☞探索的因子分析	56, 141, 143-145, 147, 165

用語	説明	ページ
構造方程式 structural equation	データの構造を変数間の関係式として表現したもの。一般に共分散構造分析でデータの構造を表現する場合に用いられる。 ➔共分散構造分析，構造方程式モデリング	142-147
構造方程式モデリング structural equation modeling (SEM)	共分散構造分析の別名。共分散構造分析は，構造方程式を立てて，その構造モデルが適合しているかどうかを検証するため，この名称のほうが適切であるとも言われる。➔共分散構造分析，構造方程式	142, 165
固有値 eigenvalue	因子分析の初期解を出すときに，出てくる数値。この数値によって，因子の数を決定する。最小固有値で決めたり，スクリープロットによる場合などがある。➔因子数，カイザー基準，スクリープロット	52-55, 160-161
コレスポンデンス分析 correspondence analysis	クロス集計表を元に，潜在因子を探り，潜在因子を軸としたグラフ上にクロス集計での行の項目と列の項目を対応づける。対応分析とも言われる。 ➔多変量解析	141

さ 行

用語	説明	ページ
最小二乗法 least squares solution	一般には，観測値と予測値の偏差の二乗和を最小にする方法。因子抽出法としても用いられている。 ➔一般化された最小二乗法，重み付けのない最小二乗法，因子抽出法	45
最尤法 maximum likelihood solution	データから因子得点や因子パターンといったパラメータ（分析で求めたいもの）に関する情報を伝達する尤度が最大になるように因子を取り出す方法。データが多変量正規分布からの無作為標本であると仮定している。適合度の検定が可能。➔因子抽出法	44, 45, 159
参考構造 reference structure	観測変数の値を参考軸上で表わしたもの。基準構造とか準拠構造とも言われる。その値は観測変数と因子との部分相関係数となる。 ➔参考軸，部分相関係数	90
参考軸 reference axes	因子軸と直交に引く軸。斜交回転の場合，この軸に下ろした値が部分相関係数となる。準拠軸とか基準軸とも言われる。➔参考構造，部分相関係数	88, 89
尺度得点 score of scale	質問紙尺度を構成したときに，各尺度の値として算出するもの。➔因子得点	25, 26, 93-103, 163, 164
斜交因子 oblique factor	他の因子と独立ではなく，相関を持つ因子。 ➔斜交回転	82
斜交回転（斜交解） oblique rotation	因子軸を制約なく別々に回転する。軸と軸が斜めに交わることになるため，こう言われる。斜めに交わることにより，因子の間に相関が生じる。 ➔回転，直交回転	65-83, 86-90, 161, 162
主因子法 principal factor method	各因子寄与が最大になるように第1因子から順に因子を抽出する。もっともオーソドックスな解法。以前はもっとも使われたやり方。➔因子抽出法	45, 130-132

用語	説明	ページ
重回帰分析 multiple regression analysis	ある従属変数に対して，いくつかの独立変数から構成される予測式でどの程度予測できるかどうかを分析する手法。多変量解析のひとつ。➡多変量解析	132-137, 140-141, 145, 146
重相関係数の平方 squared multiple correlation (SMC)	重回帰分析における従属変数の実測値と予測値との相関係数のことを重相関と呼び，その平方をとったもの。➡共通性	92, 160, 161
従属変数 dependent variable	重回帰分析などで，予測される変数となるもの。一般には，データとしてとられる変数のことをいう。➡重回帰分析	132-134
主成分分析 principal component analysis	観測変数に共通な成分を取り出して合成変数を作りだす分析で，多変量解析のひとつ。因子分析と計算方法がよく似ているため，混同されることがある。➡多変量解析	45, 127-132, 134, 140, 141, 145, 155, 164
準拠構造	☞参考構造	
準拠軸	☞参考軸	
順序尺度 rank scale	値の差は意味を持たず，順序としてのみ意味を持つ尺度。因子分析の分析対象とならない。➡名義尺度，間隔尺度，比例尺度	31, 32
初期解 initial solution	因子分析では，一意に解は定まらないため，とりあえず最初にひとつの解を出し，その後回転によって，適切な解を求めるが，その際，最初に出される解のことをいう。➡因子抽出法	40-44, 46, 48, 49, 52, 58, 76, 82, 83, 91, 98
信頼性 reliability	質問紙尺度などを作成したときに，いつも同じ測定結果になるように質問項目が作成できているかどうかを信頼性という。同じ尺度内での質問項目間での信頼性や複数回実施したときの結果間の信頼性が問題とされる。➡クロンバックのα係数	27, 105-108
数量化 quantification	名義尺度などを間隔尺度などに変換する手法で，数量化Ⅰ類から数量化Ⅴ類まである。➡多変量解析	140, 141
スクリープロット scree plot	固有値を縦軸，因子の数を横軸にとって，固有値の変化をプロットしたもので，因子の数を定めるときに，参考にする。固有値のグラフがなだらかになる前までで因子の数とする。➡固有値，因子数	53-55
ステップワイズ因子分析 stepwise exploratory factor analysis (SEFA)	因子分析に組み入れる観測変数を適合度の基準などに基づいて変数を増やしたり減らしたりして探索的に行なう因子分析プログラム。➡適合度	150
説明率	☞因子寄与率	
潜在因子 latent factor	データとして直接観測できない因子をいう。因子分析の場合，共通因子と独自因子が潜在因子である。➡共通因子，独自因子，観測変数	14, 15
相関係数 correlation	2つの変数の間の共変動を表わす指標。相関係数はいくつかの種類があるが，とくに断らない限りピアソンの相関係数をさす。−1〜＋1までの値をとる。0のときが無相関。因子と観測変数の関係を表わすのに用いられる。➡因子構造	33, 34, 70-75, 87-90, 162

5章 用語集&索引

た 行

用　語	説　明	ページ
妥当性 validity	質問紙尺度を作成したときなどに，その質問項目が本当に調べたい項目を尋ねていることになっているかどうかを示すもの。因子分析を行なっても，これが保証されるものではない。⇒信頼性	105, 108, 148, 156
他の因子の影響を除去した因子寄与 variance explained by each factor eliminating other factors	因子と観測変数との間の部分相関係数をもとに算出した（二乗和をとる）因子寄与。斜交回転の場合に算出される。⇒部分相関係数，斜交回転	89, 90, 164
他の因子の影響を無視した因子寄与 variance explained by each factor ignoring other factors	因子と観測変数との間の相関係数をもとに算出した（二乗和をとる）因子寄与。斜交回転の場合に算出される。⇒相関係数，斜交回転	89, 90, 164
多変量解析 multivariate analysis	複数の変数の関係性（相関）を分析していく。因子分析は多変量解析のひとつ。 ⇒主成分分析，重回帰分析，判別分析，クラスター分析，数量化，コレスポンデンス分析，共分散構造分析	127-147
探索的因子分析 exploratory factor analysis (EFA)	一般に因子分析というと，この探索的因子分析をさす。本書での説明は，ほとんどがこの探索的因子分析。検証的因子分析と区別するときに用いられる。 ⇒検証的因子分析	56, 141, 143-145, 147, 165
単純構造 simple structure	特定の因子だけに因子負荷が高い値を示した因子パターンを示す場合を単純構造という。回転をする場合，一般に単純構造をめざすために行なう。⇒回転	69, 77, 79, 104, 105
直接オブリミン回転 direct oblimin rotation	因子パターンを単純化するように回転する斜交回転のひとつ。⇒因子パターン，斜交回転	76
直観法	☞グラフ法	
直交因子 orthogonal factor	他の因子とは相関がなく独立である因子。グラフを描いたとき，他の因子と直交に交わることになるため，こういわれる。⇒直交回転	―
直交回転（直交解） orthogonal rotation	初期解を求めた後に行なう。複数の軸の交わる角度を90度にしたままで，回転させる。直交で行なうと，因子寄与などの見方が簡単になる。バリマックス回転などがそれ。⇒回転，斜交回転	65, 74-76, 81, 82, 84-86, 161-162
適合度の検定 goodness-of-fit test	最尤法などの場合，推定モデルがどの程度適合しているかどうかを統計的に調べる方法。一般には χ^2 検定が行なわれる。⇒最尤法，重み付き最小二乗法	44, 159, 160
独自因子 unique factor	観測変数それぞれに独自に影響を与える因子。他の観測変数と共通に影響を受ける共通因子と区別される。因子分析のモデルでは独自因子を仮定するが，独自因子はむしろ誤差としての扱いを受ける。 ⇒共通因子	15-16, 91, 95-99

用 語	説 明	ページ
独自性 uniqueness	観測変数が共通因子以外の要因で左右されるもの。言いかえると独自因子で説明される程度を表わすもの。値1から共通性を減じた値（1－共通性）が独自性となる。個々の観測変数ごとに算出される。 ➡独自因子，共通性	21-23, 93, 98, 130
独立変数 independent variable	重回帰分析などで，予測のために使う変数となるもの。一般には，実験などで操作する変数のことをいう。➡重回帰分析	132, 133

は 行

用 語	説 明	ページ
パーシマックス回転 parsimax rotation	直交回転のひとつ。バリマックス回転とクォーテマックス回転を融合したような基準を持つ。 ➡バリマックス回転，クォーテマックス回転	76
ハリス・カイザー回転 Harris Kaiser rotation	回転させるだけではなく，尺度変換によって単純構造にする。斜交回転のひとつ。➡斜交回転	76
バリマックス回転 varimax rotation	因子ごとの因子負荷が，0に近いものと絶対値が大きなものが多くなるように回転をする。実際には，因子ごとに因子負荷の平方の分散をもとめ，その和を最大にする。➡直交回転	61-65, 76, 80, 82-85
判別分析 discrimination analysis	多変量データをもとに，各ケースがあらかじめ分かっているグループに分けられるかどうかを分析する手法。多変量解析のひとつ。➡多変量解析	134-137, 140, 145, 146
半偏相関係数	☞部分相関係数	
標準化 standardize	データを平均0，標準偏差1に変換すること。具体的には，データを全体の平均値から引いて，標準偏差で割ると，全体の平均0，標準偏差1となり，標準化される。因子分析のデータは通常標準化されて分析されている。	100-103
標準偏回帰係数 standardized regression coefficient (Std Reg Coefs)	因子分析では，観測値が各因子の因子得点とある係数の積に分解できるというモデルであるが，このときの係数が標準偏回帰係数といわれ，因子負荷となる。➡因子負荷	162
比例尺度 ratio scale	データの比率が意味を持つデータで，0が0として意味を持つことになる。因子分析のデータ分析に利用できる。➡名義尺度，順序尺度，間隔尺度	32, 33, 134, 135, 139-141
フェイスシート face sheet	質問紙を作成するときに，性別や年齢などの基本的な事柄を尋ねる項目。質問紙の最初の部分で設けられる項目なので，こう言われる。	38, 43, 44
部分相関係数 semipartial correlation	2つの変数間の相関をみるとき，第3番目の変数からの影響を2つの変数のうち一方のみから取り除いたときの相関。観測変数を参考軸に下ろした値となる。➡参考軸，参考構造	89, 90
プロクラステス回転 procrustes rotation	ある因子負荷を仮説として，その値に近くなるようにする。その因子負荷の仮説によって，直交であったり斜交であったりする。 ➡回転，直交回転，斜交回転	76

用　語	説　　明	ページ
プロマックス回転 promax rotation	事前回転としてバリマックス回転を行なった後，因子負荷を何乗かして単純構造を強調し，それを仮説行列として，プロクラステス回転を行なう。斜交回転のひとつ。→斜交回転，プロクラステス回転	68-80, 82-83
ヘイウッドケース Heywood case	因子抽出の計算の段階で共通性が1を超えてしまう場合。1になる場合をヘイウッドケース，1を超える場合を超ヘイウッドケースとして区別することもある。→共通性	92-93

（ま 行）

用　語	説　　明	ページ
名義尺度 nominal scale	データの数字は意味を持たず，ラベルとしての意味しか持たない。因子分析のデータとしては使えない。→順序尺度，間隔尺度，比例尺度	31, 135, 139-141

（ら 行）

用　語	説　　明	ページ
累積寄与率 cumulative proportion of variance explained	寄与率を因子が増えるごとに累積していった値。いくつまでの因子によってデータが説明できたかどうかを示す指標として利用される。→因子寄与，因子寄与率	20-23, 85, 86

あとがき1

　何年か前に，私は，TCシンポジウムのパネリストとして話をしたことがあります。TCとは，テクニカルコミュニケーション（Technical Communication）の略で，マニュアルなどのライティングのことです。マニュアルについて，認知心理学の立場から話をしました。しかし，私はマニュアルを書く仕事をしているわけではありません。「学者先生は，そうおっしゃいますけど，実際には，その通りにはいきませんよ。先生，一度マニュアルを書いてから，そういうことをおっしゃってはどうですか」といった陰の声が聞こえてきそうでした。自分ではマニュアルを書く経験がないのに，知ったようなことを言うのには，忸怩たる思いがありました。今回，この本の中で，日頃，私がマニュアルはこうあるべきだと考えていることを実践できないかと考えました。因子分析は，私の専門ではありませんが，わかりやすい書き方はこうあるべきだということを実践するよい機会になると考えました。そういう意味では，この本は私自身の研究の実践成果と位置づけたいとも思っています。

　因子分析は数学的な理論にのっとっており，数式表現が明快です。しかし，因子分析の結果を見るとか，自分で因子分析をするといった実践的理解を必要としている人には，数学的な概念理解よりも，因子分析の本質的な考え方の理解のほうが大切です。また，数式が並んでいると，それを見ただけで「わからない」と思ってしまう人もいます。いっそのこと数式を使わないほうが理解しやすいのではないかと考えました。そのため，数式を使わないことを第一原則としました。かえってそれが足枷になってしまい，回りくどい言い方になったところもありました。数式表現に対する認知不安をなくすことを優先させたためです。本書がほんとうにわかりやすくなったかどうかは，読者の皆さんに判断をお願いします。忌憚のないご意見をいただければ幸いです。

　本書の執筆にあたっては，北大路書房の編集の薄木さんにお世話になりました。記して感謝申し上げます。北大路書房からの出版の縁をとっていただいたのは，同じ大学で仕事をさせていただいていた故山内隆久先生です。残念ながら，本書の校正中に亡くなられ，完成した本書をお渡しすることができませんでした。山内先生がご入院の間，先生に代わって大学院の社会心理学演習を担当させていただき，その授業で本書の草稿を使って授業をすることができました。学生諸君からは，貴重な示唆を得ることができ，有り難く思っております。このような機会を与えていただいた故山内先生には感謝の言葉もございません。ご冥福をお祈り申し上げます。

　なお，出版にあたって，北九州市から出版助成をいただき，この場を借りてお礼申し上げます。そして，最後に，何よりも，本書の執筆・校正にあたっていろいろと我慢を強いてしまった妻美由紀，息子多佳人，有希也に感謝したいと思います。

2002年4月　松尾太加志

あとがき2

　「わかりやすい本をつくる」これが松尾先生と私が目指したこの本の目標でした。ただ，この「わかりやすい」という言葉が曲者でした。私自身は大学で心理統計関係の授業を担当しており，絶えず気持ちの上では「わかりやすい」授業を心がけています。しかし，気持ちとは裏腹に，授業後の質問シートには「わからない」「難しい」の文字が並んでいます。特に，文科系の多くの学生さんにとって数式は未知の世界のようで，授業で数式が並ぶとそれだけで拒否反応がでるようです。しかし文科系であったとしても，心理学の場合，研究を進めるうえで統計的手続きは不可欠で，学生さんにとって統計は悩みのタネのようです。

　この本で扱っている因子分析は心理学の多くの研究で利用されており，研究そのものを理解するためにも，因子分析とはどのようなもので，私たちにどのような情報をもたらしてくれるのかを知る必要があります。ただ，残念ながら因子分析に関する多くの本が数式をこよなく愛している研究者によって書かれているため，数式嫌いの文科系の学生さんにとっては敷居が高すぎます。「数式は嫌だが，因子分析の概念や意味は知りたい」この希望をかなえるため，松尾先生と私は努力してみました（ほとんどは松尾先生の努力です）。

　実は，数式は万国共通で曖昧さがないため，情報が読み手に対して正確に伝わります。それに対して言葉による説明は曖昧で不正確な面があります。可能な限り正確に因子分析の情報を伝えたい私にとって，この本のような数式をほとんど使わない方針は厳しいものでした。数式であれば一行で済むものが，正確に伝えるためには，何行にもわたる言葉による説明が必要でした。また，いくつかの概念に関しては，正確な記述を言葉で行なうために，多くの論文や書籍を読み返す羽目になりました。松尾先生とは度々意見の対立がありましたが，「わかりやすい」という基本方針のもとに議論を重ね，何とか本を完成させることができました。

　この本を通じて，因子分析に興味を持って頂き，因子分析を研究で活用して頂ければ，著者二人にとってこれほど嬉しいことはありません。しかし，この本はあくまでも入門書で，因子分析に興味を持って頂くきっかけに過ぎません。この本をお読みになった後，より高度で正確な情報を得たい方は，推薦図書をお読み頂くのがよいのではないかと考えます。

　最後に，原稿の執筆や校正の遅さにもかかわらず，最後まで忍耐強くお待ちくださった北大路書房編集部の薄木さんには大変感謝しております。この場を借りてお礼申し上げます。また，原稿完成のため団欒の時間を削ることに理解を示してくれた家族にも感謝の意を表わしたいと思っています。

2002年4月　中村知靖

【著者紹介】

松尾　太加志（まつお　たかし）
　　1958年　福岡県に生まれる
　　1988年　九州大学大学院文学研究科心理学専攻博士後期課程単位取得満了
　　現　在　北九州市立大学文学部教授
　　主著・論文　知性と感性の心理学（共著）　福村出版　2000年
　　　　　　　　コミュニケーションの心理学　ナカニシヤ出版　1999年
　　　　　　　　心のしくみ（共著）　関東出版　1991年

中村　知靖（なかむら　ともやす）
　　1961年　京都府に生まれる
　　1993年　東京大学大学院教育学研究科第1種博士課程修了
　　現　在　九州大学大学院人間環境学研究院准教授　博士（教育学）
　　主著・論文　心理統計の技法（共著）　福村出版　2002年
　　　　　　　　知性と感性の心理学（共著）　福村出版　2000年
　　　　　　　　測定・評価に関する研究動向　教育心理学年報　第38集，105-119．1999年

誰も教えてくれなかった因子分析
―数式が絶対に出てこない因子分析入門―

2002年5月10日　初版第1刷発行　　定価はカバーに表示
2010年7月20日　初版第9刷発行　　してあります。

著　者　　松　尾　太加志
　　　　　中　村　知　靖
発行所　　㈱北大路書房
〒603-8303 京都市北区紫野十二坊町12-8
　　　　　電　話　(075) 431-0361㈹
　　　　　Ｆ Ａ Ｘ　(075) 431-9393
　　　　　振　替　01050-4-2083

Ⓒ 2002　印刷／製本　創栄図書印刷㈱
検印省略　落丁・乱丁本はお取り替えいたします

ISBN978-4-7628-2251-3　Printed in Japan